企劃：肯特動畫　台灣大學地質科學系
漫畫：比歐力工作室

目　錄
contents

熊星人 蓋亞能源遺跡之謎 4

第十三話　潮佮汐的月娘傳說

三熊佮AI兔仔來到海洋遺跡，阿德佮妮妮和智者連線對話，知影進前哈姆星人走入去母船閣攻擊Bee4。這時阿盧啟動潮汐控制台，妮妮發現拉雅逃生艙，予沖入來的海水淹去，自按呢氣甲佮阿盧拆破面！

海洋能的發電原理

QRCODE

台語有聲故事

每一个故事開始掃 QRcode

就會當聽著台語有聲故事

呵呵，我是思考洞窟(tōng-khut)的智者，真歡喜陪恁做伙思考揣答案。
講！恁提能源石欲創啥？
思考洞窟有紅光師來矣。
這个問題無法度回答。
較緊講
袂用得
遮歹參詳！？
歹勢,無毋著。

可惡，看起來足歹扭搦(liú-la̍k)...
伊是電火..咕嚕...
莫囉嗦！
進行計畫 B！

智者大人，
共你拜託啦～～～

喔，足古錐的
豬仔鼠...

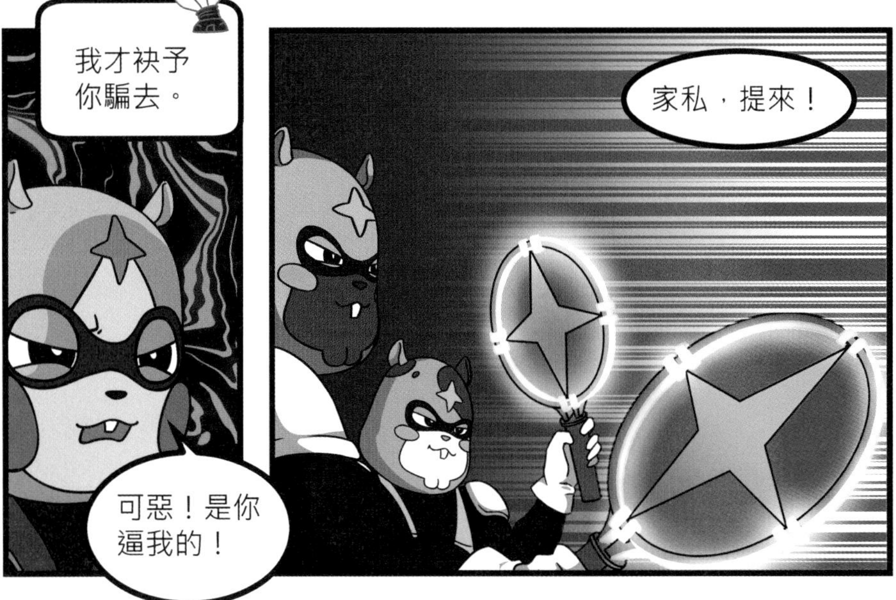
我才袂予
你騙去。
家私，提來！
可惡！是你
逼我的！

等咧，
咧揣拉雅。

拉雅？
我有一个好
想法，哈姆。

共這葩電火
切予化。

緊起去！
噠噠...

妮妮你敢有按怎？

咳咳...遮是它位啊？
遮是...

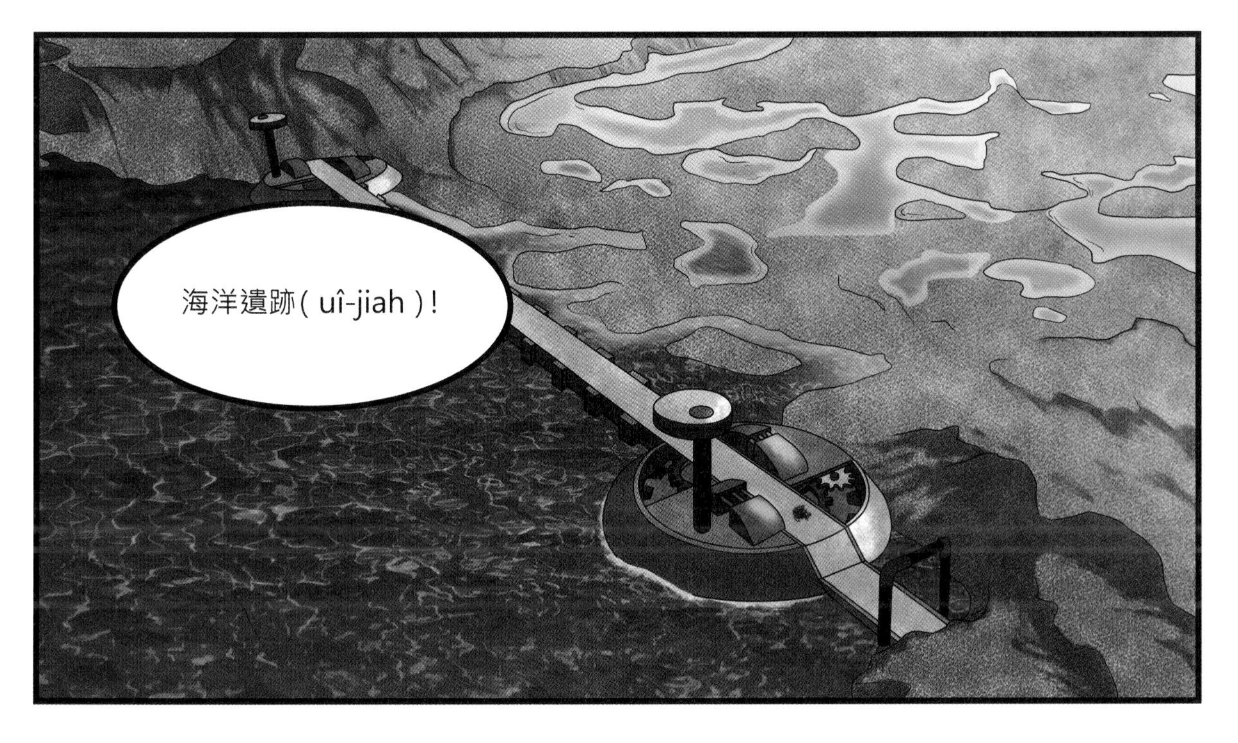
海洋遺跡(uî-jiah)!

叮—

噠噠！

電梯門欲開矣
這敢無問題？
伊就講伊是電梯矣，安啦！

關電火！
啊！就講這有問題矣！

應該只是關電火來省電。
好啦。

噗~!!

電梯內請粉紅仔色生物保持恬靜。
啥物粉紅仔色生物...
欸！毋是我好無！

海洋遺跡到矣，電梯門欲開矣。
嘻嘻...
啥物奇怪電梯。
緊咧、緊咧...

啊！

哇...偉大的海洋遺跡！
!

天公伯仔！
BEE4 袂振袂動矣！
啥物？
總算有機會會當試我改的頭盔矣！
我試看覓！

嗶嗶——
噠噠噠噠噠
是啥人攪擾我恬靜的運動時間，哈姆！
咕嚕，報告，核心已經欲完成矣。
真好！差四粒能源石就會當發動核心...
關
哈姆？
哪會無電矣？

啥物人准恁
停落來的！
開始走...
呼
呼
呼

借過、閃邊仔，
彼是我的...

嗡——！

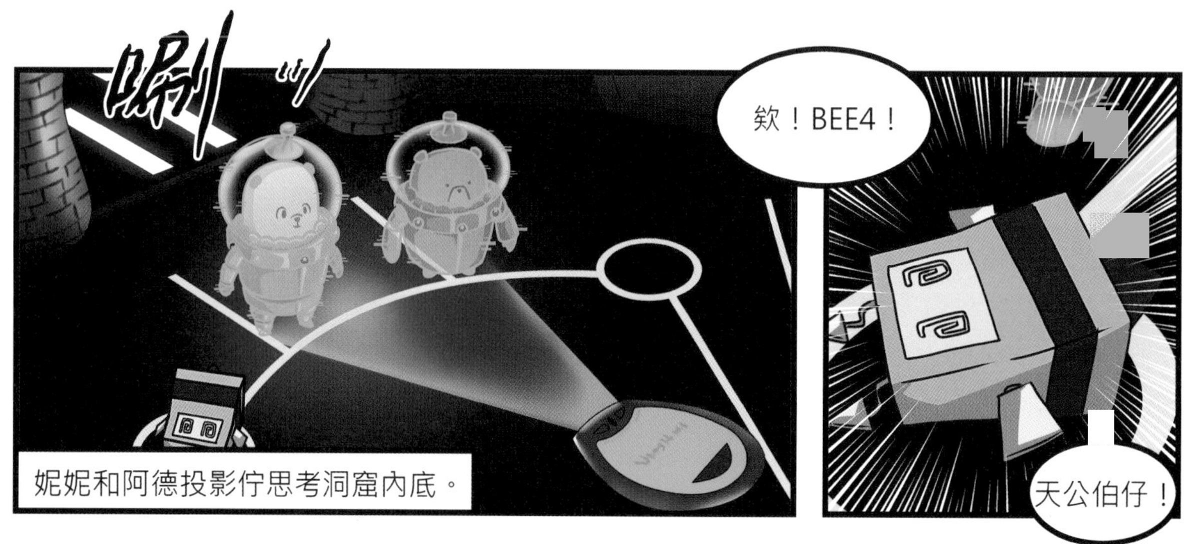
唰
妮妮和阿德投影佇思考洞窟內底。
欸！BEE4！
天公伯仔！

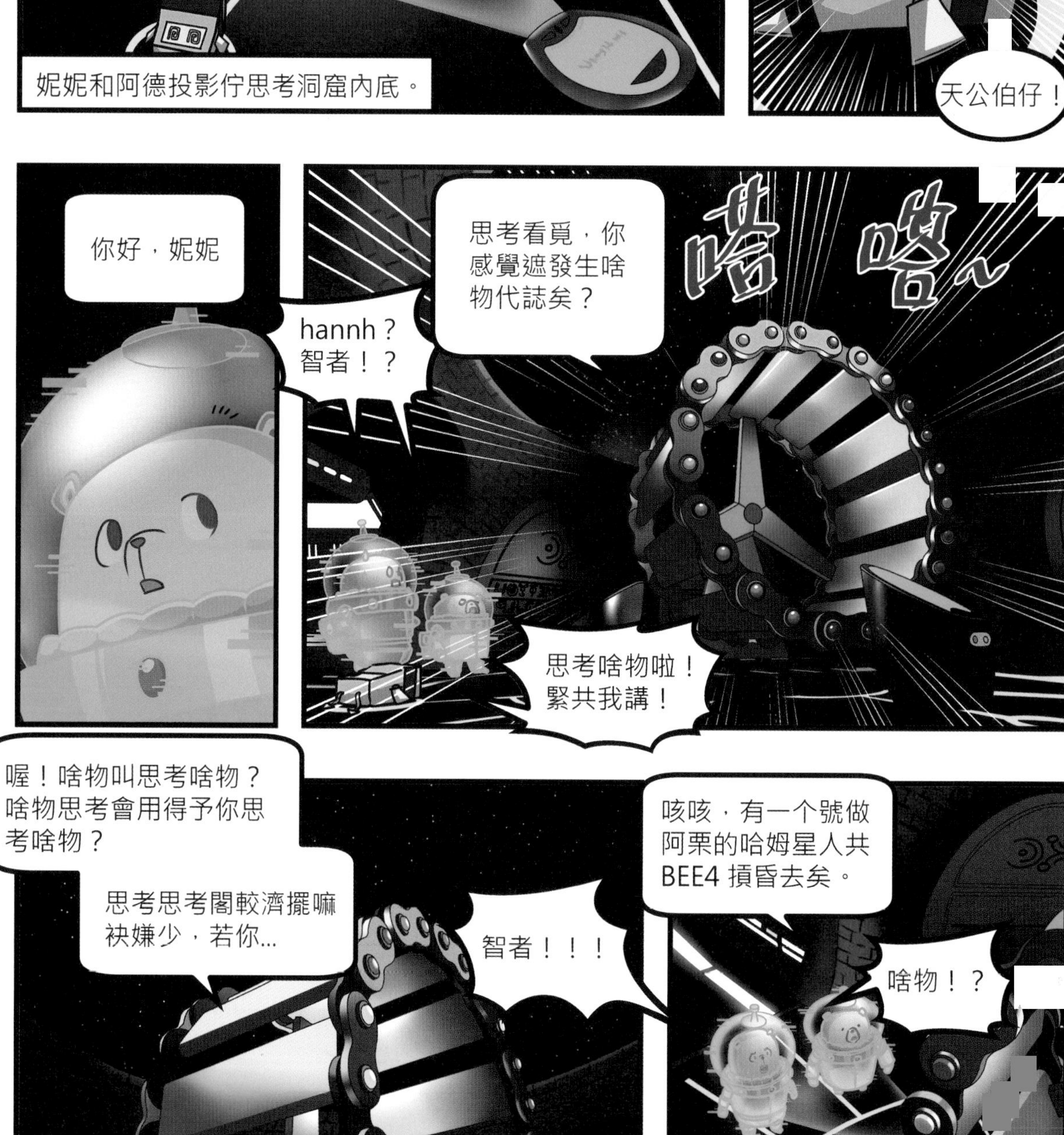
你好，妮妮
hannh？
智者！？
思考看覓，你
感覺遮發生啥
物代誌矣？
嗒 嗒～
思考啥物啦！
緊共我講！

喔！啥物叫思考啥物？
啥物思考會用得予你思
考啥物？
思考思考閣較濟擺嘛
袂嫌少，若你...
智者！！！
咳咳，有一个號做
阿栗的哈姆星人共
BEE4 掠昏去矣。
啥物！？
in的目標敢若嘛
是能源石...

能源石，拄才阿盧講海洋遺跡...
海洋會當產生啥物能源？

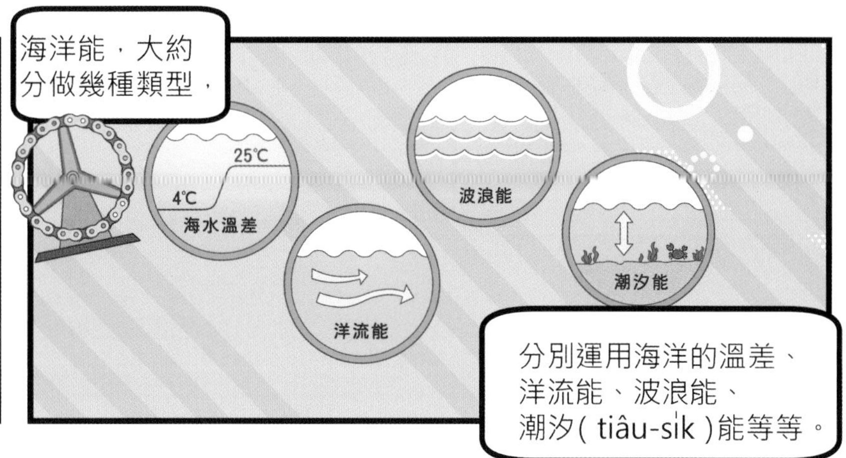

海洋能，大約分做幾種類型，
25℃
4℃
海水溫差
波浪能
洋流能
潮汐能
分別運用海洋的溫差、洋流能、波浪能、潮汐(tiâu-si̍k)能等等。

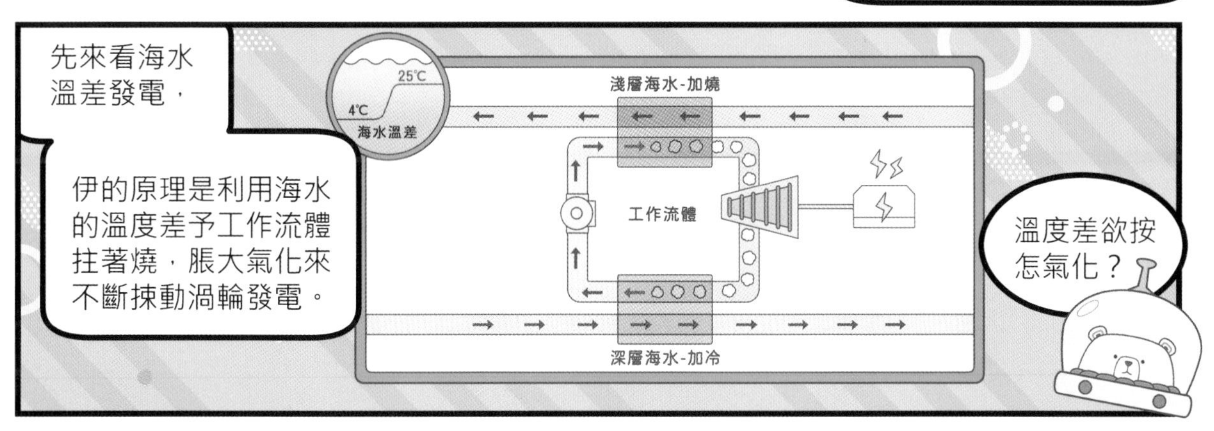

先來看海水溫差發電，
25℃
4℃
海水溫差
淺層海水-加燒
工作流體
深層海水-加冷
伊的原理是利用海水的溫度差予工作流體拄著燒，脹大氣化來不斷摙動渦輪發電。
溫度差欲按怎氣化？

想看覓咧，假使咱共一杯水用予燒就會有水煙，
閣共伊园去冰箱共伊彥落來，紲落來閣用予燒來產生水煙，
加燒產生蒸氣
加冷凝結
淺層海水
加燒
深層海水
加冷
海水的溫度差就扮演用予燒佮彥落來的角色，

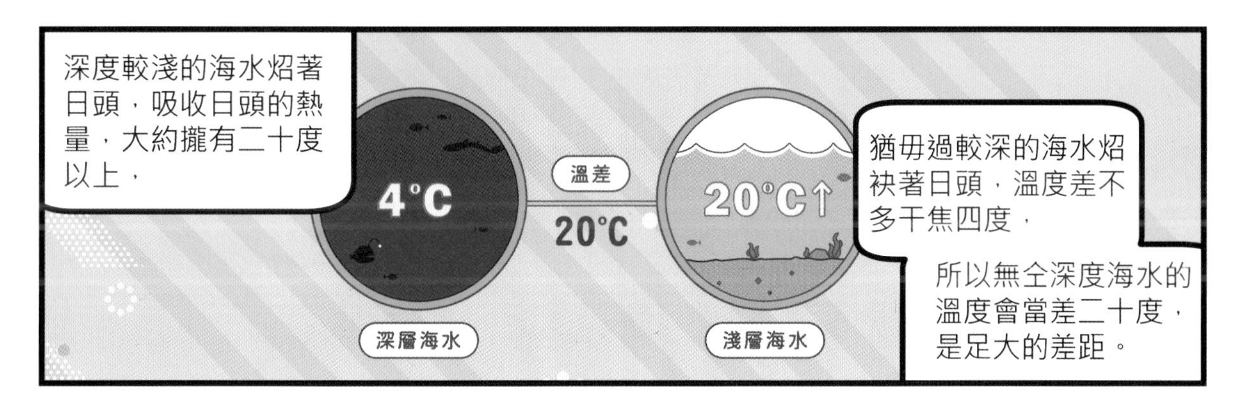

深度較淺的海水炤著日頭，吸收日頭的熱量，大約攏有二十度以上，
4°C
溫差
20℃
20°C↑
深層海水
淺層海水
猶毋過較深的海水炤袂著日頭，溫度差不多干焦四度，
所以無仝深度海水的溫度會當差二十度，是足大的差距。

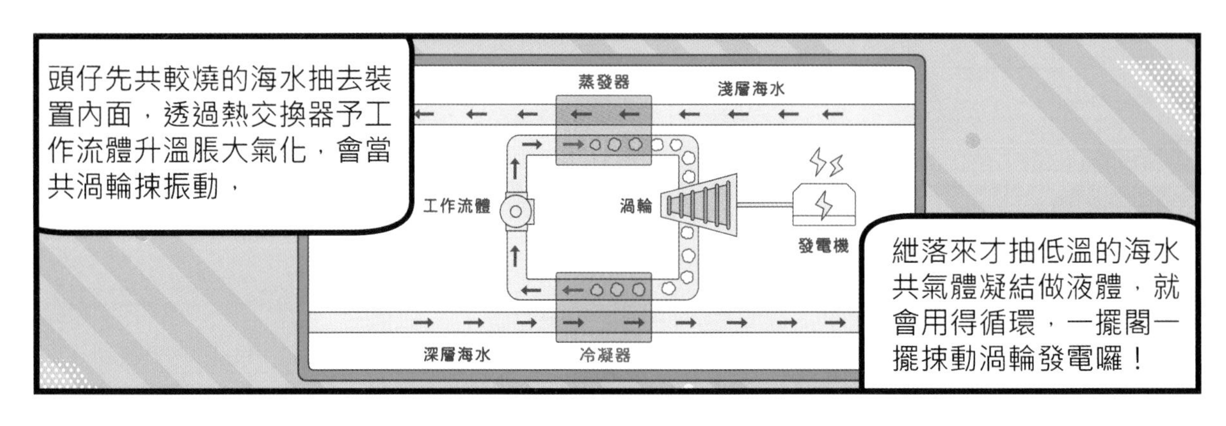
頭仔先共較燒的海水抽去裝置內面，透過熱交換器予工作流體升溫脹大氣化，會當共渦輪挕振動，
蒸發器
淺層海水
工作流體
渦輪
發電機
深層海水
冷凝器
紲落來才抽低溫的海水共氣體凝結做液體，就會用得循環，一擺閣一擺挕動渦輪發電囉！

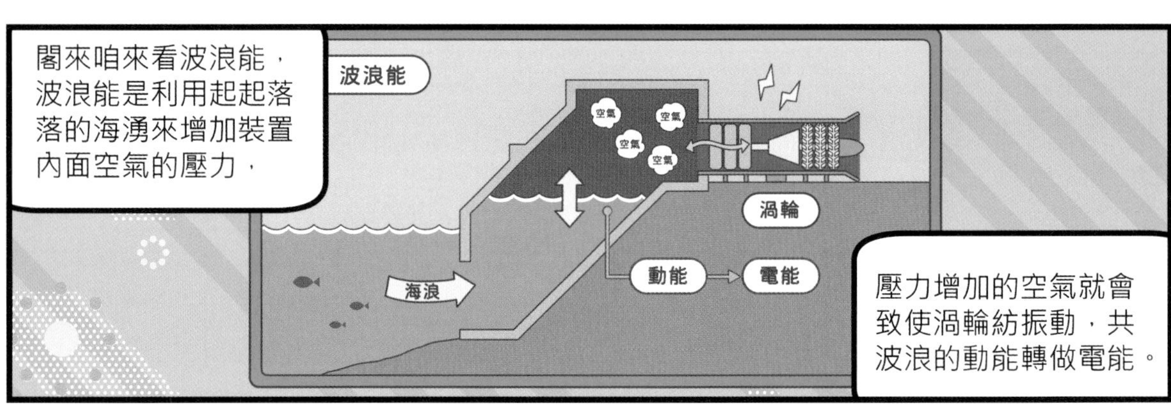
閣來咱來看波浪能，波浪能是利用起起落落的海湧來增加裝置內面空氣的壓力，
波浪能
空氣
渦輪
海浪
動能
電能
壓力增加的空氣就會致使渦輪紡振動，共波浪的動能轉做電能。

另外，海洋的面積攏足大的，海洋當中又閣有無仝的洋流，想看覓咱將渦輪囥入有洋流的海內底，
洋流能
洋流
水輪機
洋流挕動水輪機的 phu-lóo-phé-lah，就會當予水輪機轉踅產生電力，這就是洋流能。

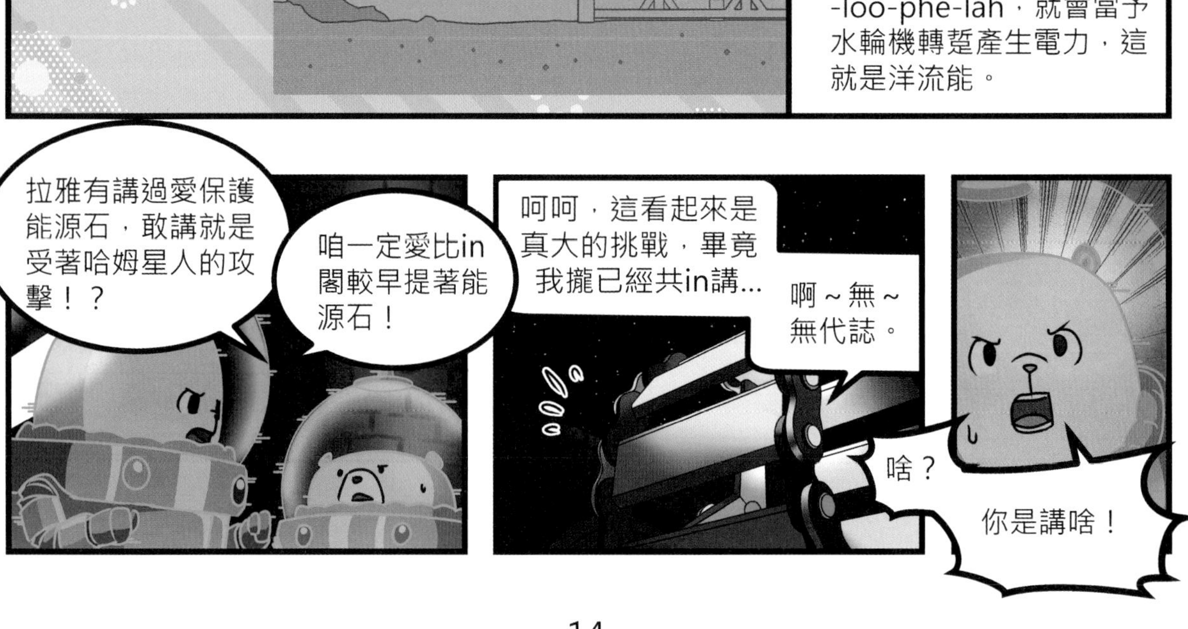
拉雅有講過愛保護能源石，敢講就是受著哈姆星人的攻擊！？
咱一定愛比in閣較早提著能源石！
呵呵，這看起來是真大的挑戰，畢竟我攏已經共in講...
啊～無～無代誌。
啥？
你是講啥！

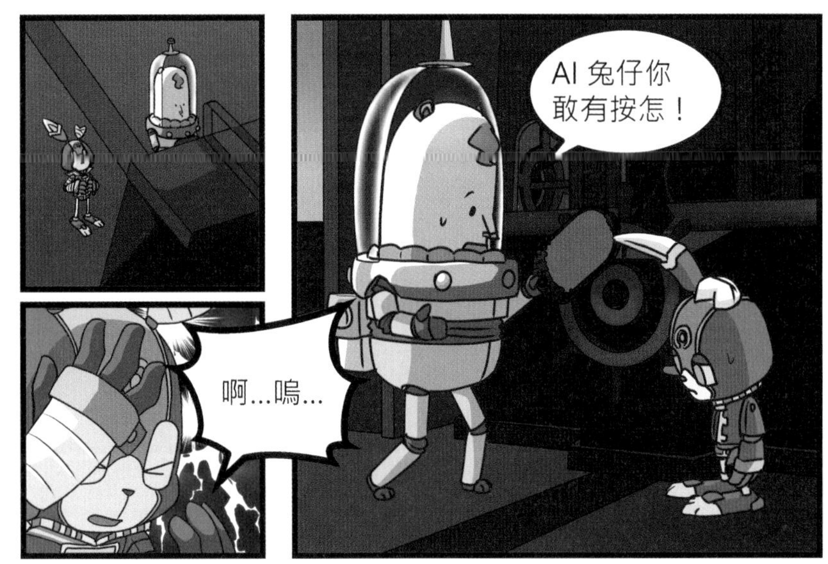
啊...嗚...
AI 兔仔你
敢有按怎！

哩
啊，這是！？

解鎖

嘩

你竟然共咱的計
畫講予阿栗知？

啊～嘿嘿！彼號...，
無的確我的老朋友
柏拉圖會知影喔！
唉唷...
妮妮！

阮頭拄仔啟動
一个控制台，
就是...
阿盧！咱先共關係著
海洋能源發電的資料
舞予清楚...

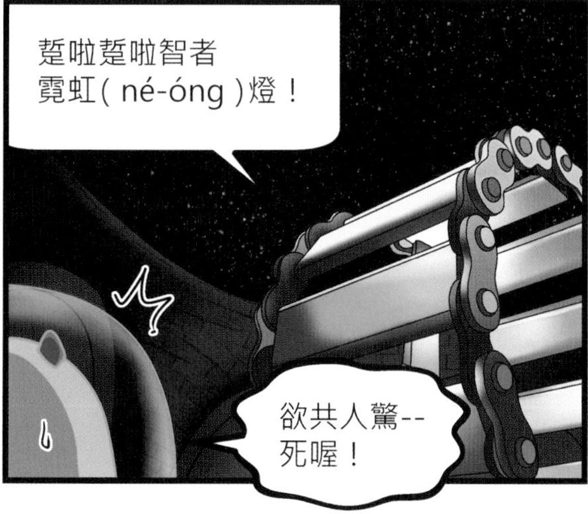
莖啦莖啦智者
霓虹(né-óng)燈！
欲共人驚--
死喔！

地球海水的懸度逐工攏咧
變化，咱共伊號做潮汐，
潮汐的形成是因為萬有引
力造成的。
潮汐能就是利用
沿海潮汐的能量
轉化做電能。
頭先咱愛佇海灣
或者是河口起會
當儉水的水庫。

若是海漲，因為水庫的
水佮海水懸度無仝，形
成水位差，懸水位自然
會流對低水位，
這時陣海水就會灌入
去水庫，迵(thàng)
過水輪機的海水，就
會當帶動水輪機運轉
產生電。
懸水位
低水位
海洋
水輪機
水庫

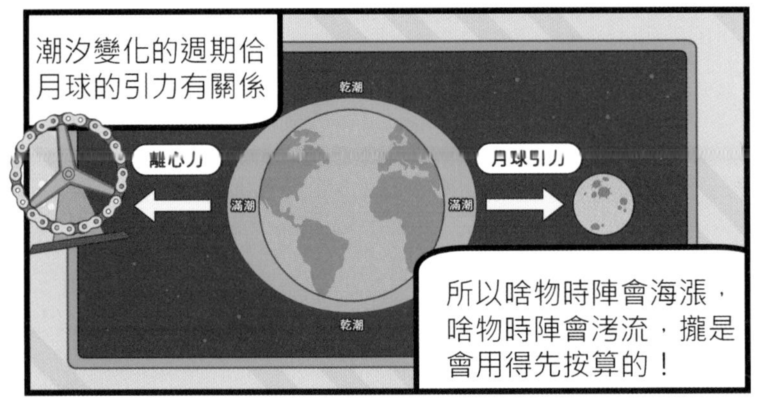
潮汐變化的週期佮月球的引力有關係
乾潮
離心力
滿潮
滿潮
月球引力
乾潮
所以啥物時陣會海漲，啥物時陣會洘流，攏是會用得先按算的！

毋過這个遺跡是使用佗一種海洋能呢？
嗯，海岸邊的裝置又閣有水輪機..

伊有可能是利用潮汐能的發電廠喔！
這馬當欲開始海漲，會當把握機會試看覓喔！

倒爿懸能量條 (kuân lîng-liōng tiâu) 代表懸水位的海水，正爿低能量條代表低水位的水庫，

我知矣！！
按呢這陣是拍開水閘門 (tsuí-tsa̍h-mn̂g) 予海水入來水庫上好的時機。

妥當的啦！能量條升
懸就會當出招囉！

彼是....

拉雅的逃生艙?

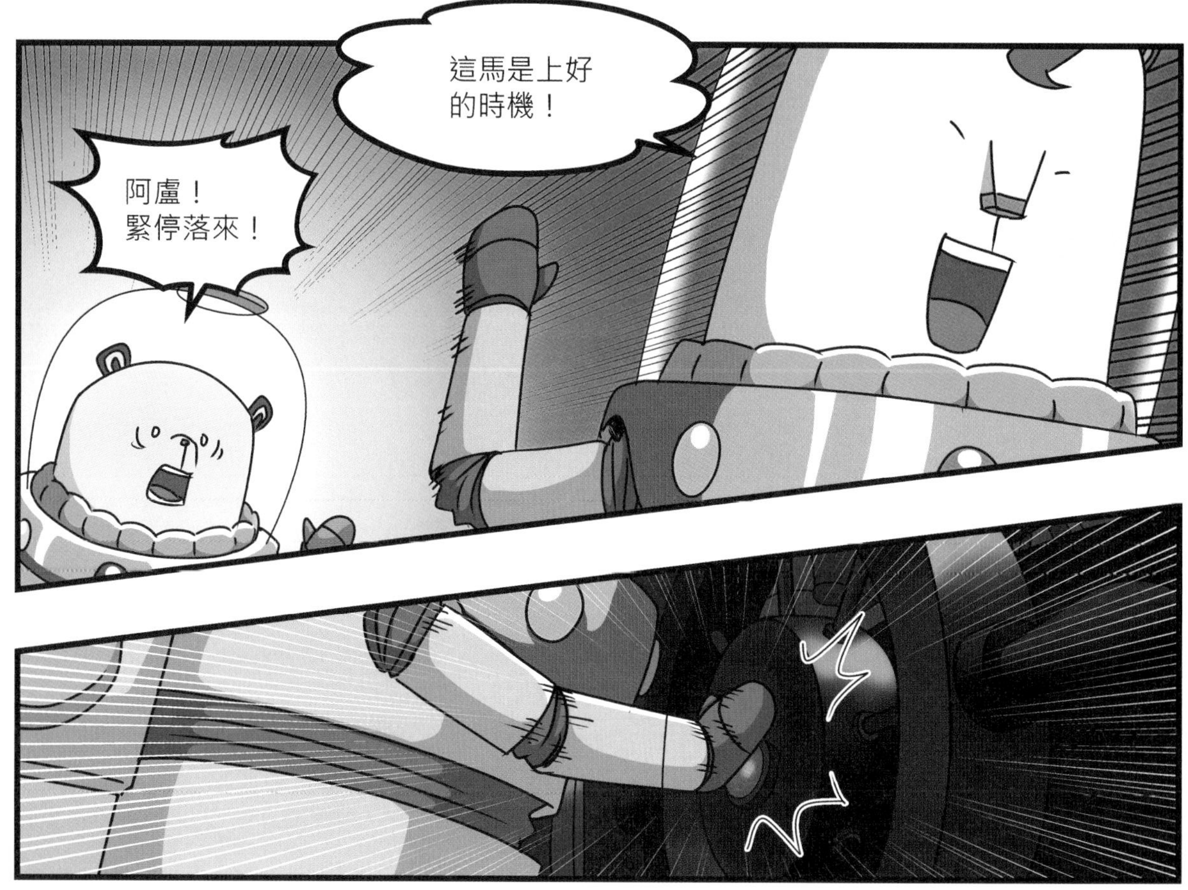
阿盧！
緊停落來！
這馬是上好
的時機！

咔啦

嗡——

閘門拍開，水流連鞭灌入去水庫帶動水波能。
咻咻—！

唰唰
逃生艙就按呢予水淹過消失矣！

嘩啦
莫啦！

成功矣！
欸奇怪？哪會無看著能源石？

害矣...

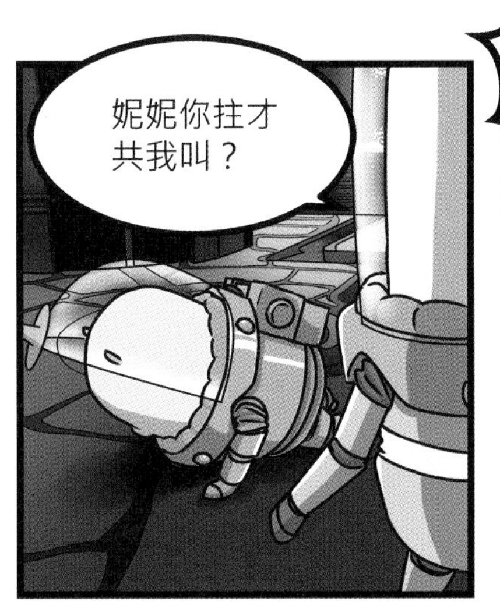
妮妮你拄才
共我叫？

阿盧，
誠無簡單才有
拉雅的線索，
就因為你干焦
要緊遊戲遊戲
遊戲！
這馬啥物
攏無矣。

妮妮...
我只是...

對這馬開始，咱就
毋是太空三熊矣，
無你，我嘛會當
家己去揣拉雅。

噠噠...
妮妮...

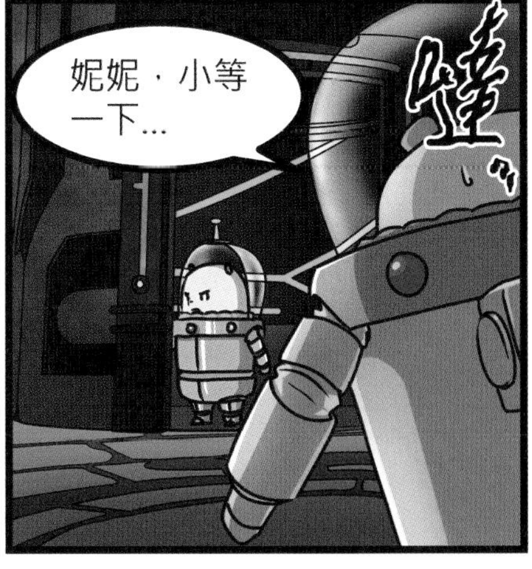
妮妮，小等
一下...
噠...

噠噠

欲按怎！逃生艙會
予伊沖去佗？
妮妮你看！

噗咻
啊！
緊追！

噠噠

咻

看起來妮妮有
影是受氣矣...
我感覺妮妮是因為
伊煩惱所有的人。

發生啥物
代誌矣？

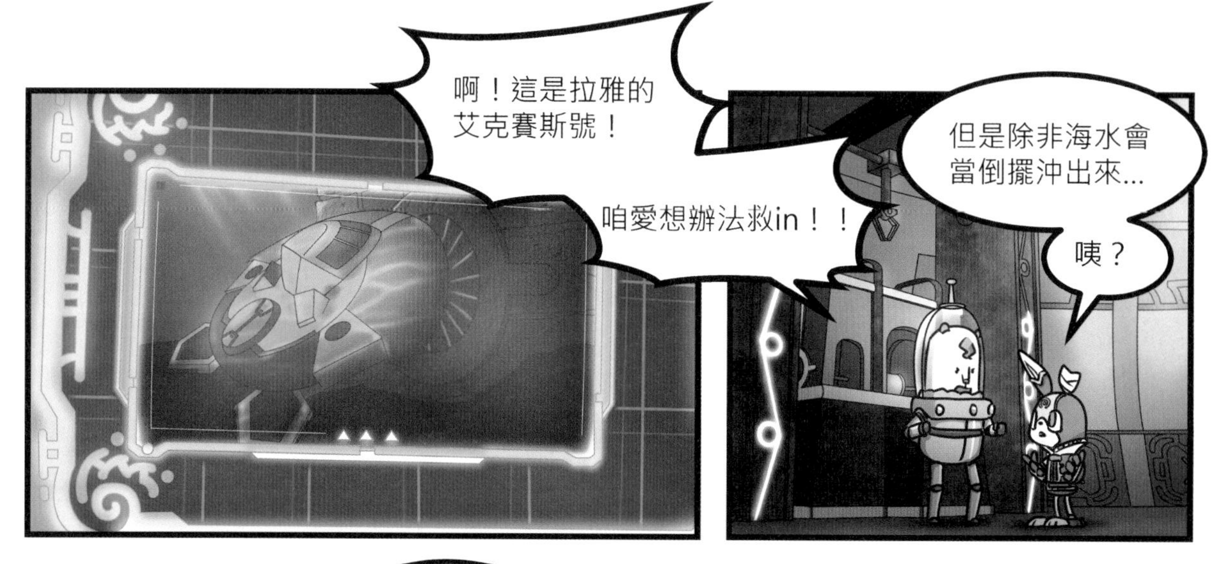
啊！這是拉雅的
艾克賽斯號！
咱愛想辦法救in！！
但是除非海水會
當倒擺沖出來...
咦？

為啥物能量條
開始咧降矣？

啊！我知矣，
這馬拄好是洘流的
時間，又閣形成水
位懸低差，
咱拍開另外一个水門，
水就會沖出來，致使渦
輪開始紡，完成第二擺
的發電。
低水位
懸水位
海洋
水輪機
水庫

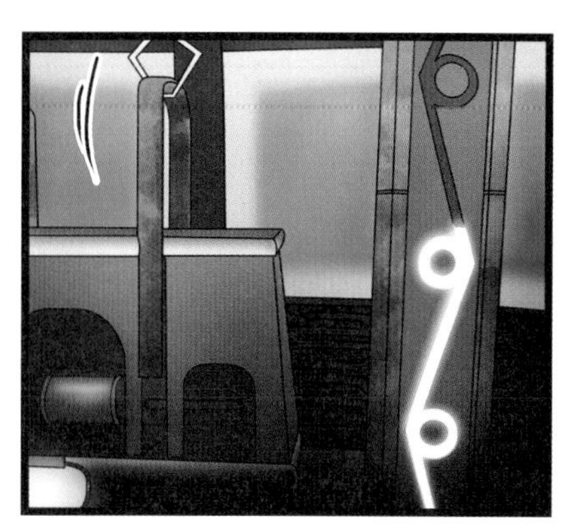

阿盧閣一擺將閘門拍開，水流對水庫沖
去大海，艾克賽斯號嘛成功脫離危險。
唰
唰唰

唰
唰
唰

婧！成功矣！

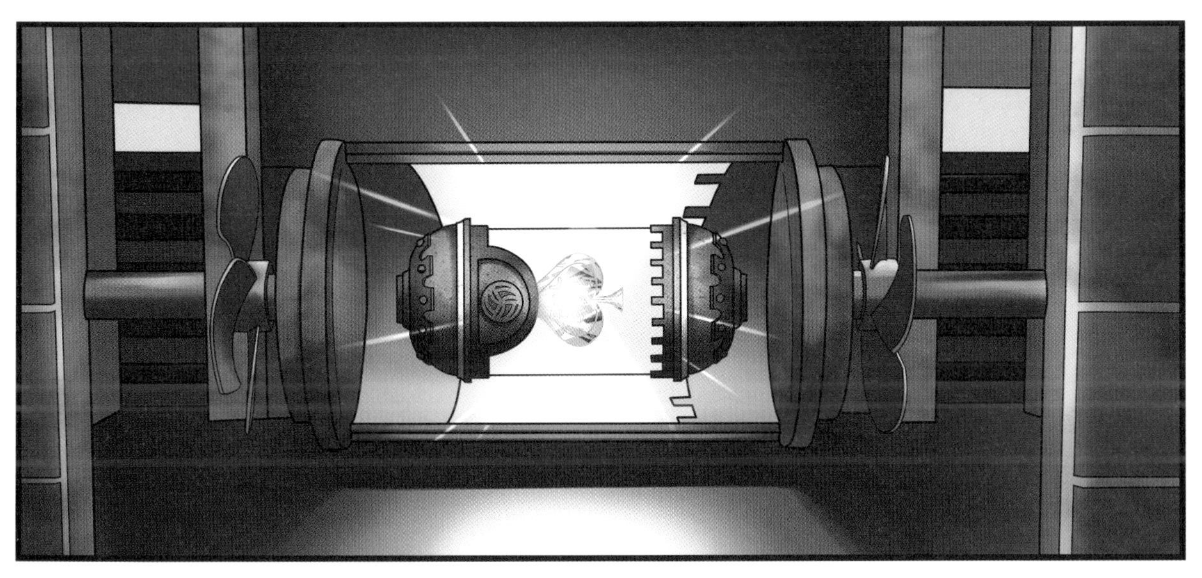

再生能源小智識

Q1：海洋能發電大概分做佗幾款類型？
A1：運用海洋的溫差、洋流能、波浪能、潮汐(tiâu-si̍k)能等等。

Q2：海水的懸度逐工攏咧變化，咱共伊號做潮汐，潮汐是按怎形成的？
A2：萬有引力。

Q3：按怎共潮汐的能量轉化做電能？
A3：頭先咱愛佇海灣或者是河口起會當儉水的水庫。若是海漲，因為水庫的水佮海水懸度無仝，形成水位差，懸水位自然會流對低水位，這時陣海水就會灌入去水庫，迵（thàng）過水輪機的海水，就會當帶動水輪機運轉產生電。

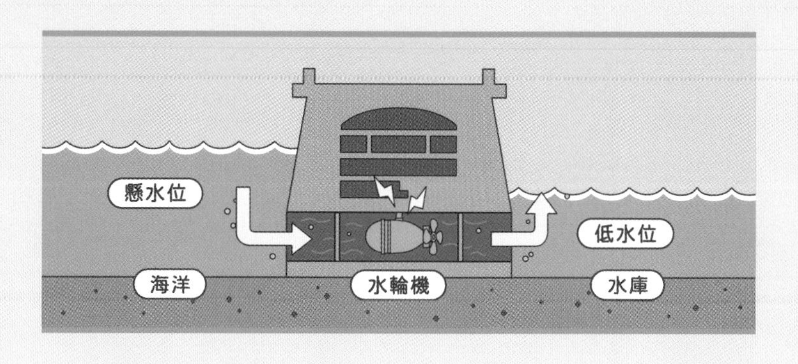

熊星人 蓋亞能源遺跡之謎 4

第十四話　海上白色三葉草

妮妮佮阿德追蹤逃生艙來到風之遺跡，才發現這一切攏是哈姆星人阿栗設計的陷阱，目的是欲得著所有的能源石。另外一方面阿盧佮AI兔仔共拉雅救出來，一陣人討論欲按怎對風場的線索來阻止阿栗，而且共妮妮佮阿德救出來。

風場的介紹

QRCODE

台語有聲故事

每一个故事開始掃 QRcode

就會當聽著台語有聲故事

妮妮佮阿德對逃生艙來到海上，海面上tshāi真濟白色柞仔。

遮的風足透的。
這是啥物啊?

細膩，欲挵著矣！！

Huh，
好佳哉，
逃生艙呢？

逃生艙對
遐去矣！

緊綴予牢。

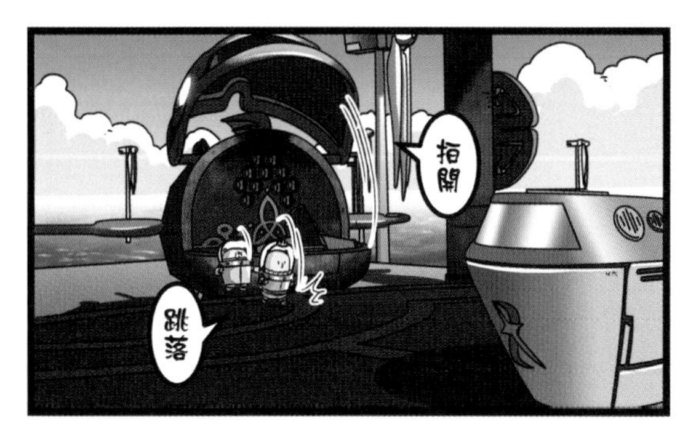
拓開
跳落

啉!!

冧…

咳咳
拉雅！
總算揣著你矣！

阿盧！

你無按怎啦乎！？
總算得救矣！

AI兔仔，拉雅毋是歹人，阮誠無簡單才...
等咧，拉雅佇遮...

按呢頭拄仔的逃生艙咧？
嘶—

跳!
跳!

噠!!

恁這幾个走來赴死，咕嚕
啊哈，攏免想欲走！咕嚕

跳
噠
天公伯仔，想袂到這个逃生艙內底有遮大的空間!
這馬毋是呵咾這的時陣啦！

啥？哈姆星人阿栗是通緝犯！？

嗯，阮就是為著欲
掠伊才來到蓋亞星

啊！著趕緊
通知妮妮...
哔！！
哎唷，聯絡
袂著...

著啦，會使坐
艾克賽斯號去救in！

欸...這嘛...

噠噠...

其實這馬艾克賽斯
號已經無動力矣...

阮已經逐(jiok)
阿栗一段時間矣，
知影伊的目標
是能源石...

你講的能源石
是這 hiooh！
啊，你佇佗位
揣著的？
盯

穎(ínn)...
能源石...。

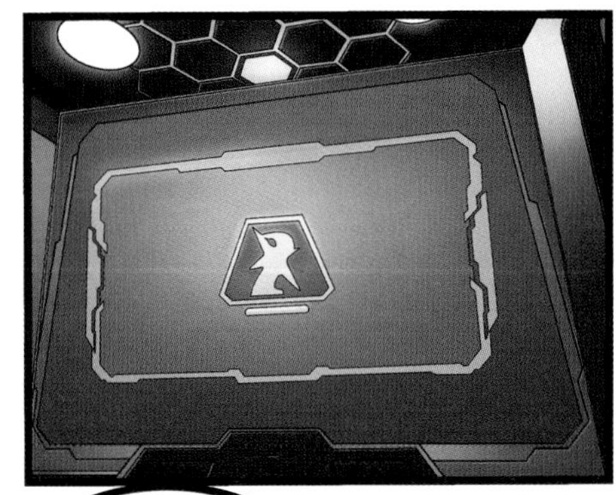

你是按怎
做的？
我...我嘛
毋知...

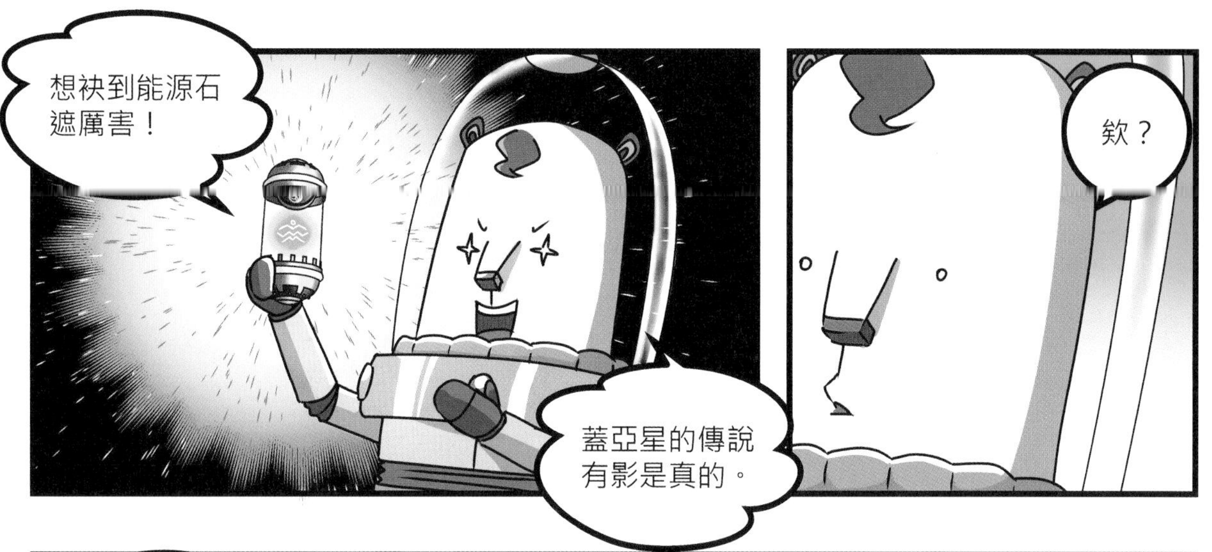
想袂到能源石
遮厲害！
蓋亞星的傳說
有影是真的。
欸？

遮的滾輪！
敢毋是彼寡
哈姆星人的？

無毋著，阿栗是
一个宇宙賊仔，
伊一直佇無仝
的星球偷提物
件，
上尾的目標就是揣
著能源石，敨開核心
提著「穎」的力量來
實現計畫。

阮為著欲掠伊來到遮，彼工透早我行去控制室煞去予伊驚著，
船艙內的幾若項零件予人換做滾輪，

等我智覺著，阿栗已經徛佇面頭前矣。

艾克賽斯號因為失去動力佮逃生艙落落去海底，

閣拄著掣流的海流無法度離開，干焦會當順海流浮咧沉咧。

阿栗的目標是能源石，

咱已經提著日頭、地熱、海洋...
照傳說猶閣有上尾一粒。

上尾一粒是風...

風能寶物佇
轉踅的盛曲
內出世。
TREASURES OF WIND
BORNING IN
REVOLVING CEREMONYS

哇AI兔仔，
你哪會攏看有！
我...我嘛毋知影...

咚隆...

隆隆隆...
一隻外型像大滾
輪的飛行船出現佇
頭殼頂。

嗡—

嗡
俺娘喂...

哈哈哈哈姆。
嗒
嗒~

又閣是你！
你四界偷提物件，
到底想欲創啥？

我講過幾若擺矣
哈姆，我是交換！
毋是偷！
你大主大意予別人
彼个破滾輪嘛無可
能解決能源問題！

但是in的飛行船看
起來就成功矣...

哈哈無毋著，我
就是欲予全宇宙
攏接收著滾輪，
予滾輪發電成
做全宇宙的替
代能源哈姆。

聽起來敢若袂
穤呢，猶閣通
減肥
你嘛綴咧痟...

轟轟…
若上尾一粒能源石是風，
著愛揣著蓋亞星的風場。
毋過...風場是啥？

頭先愛先了解風的形成。其實風的形成佮日頭嘛有關係！
相關
空氣流動
太陽
哪有可能？
風應該是一種空氣的流動，佮日頭有啥物關係？
影響
太陽能量
氣候
影響氣候的主要原因是日頭的能量，像恁熟似的地球，伊上重要的能量就是來自日頭，

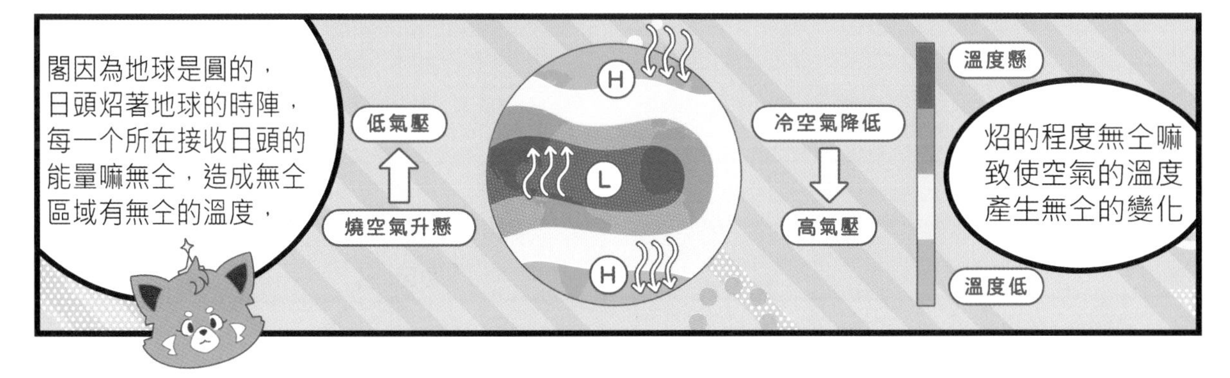
閣因為地球是圓的，日頭炤著地球的時陣，每一个所在接收日頭的能量嘛無仝，造成無仝區域有無仝的溫度，
低氣壓
燒空氣升懸
H
L
H
冷空氣降低
高氣壓
溫度懸
溫度低
炤的程度無仝嘛致使空氣的溫度產生無仝的變化

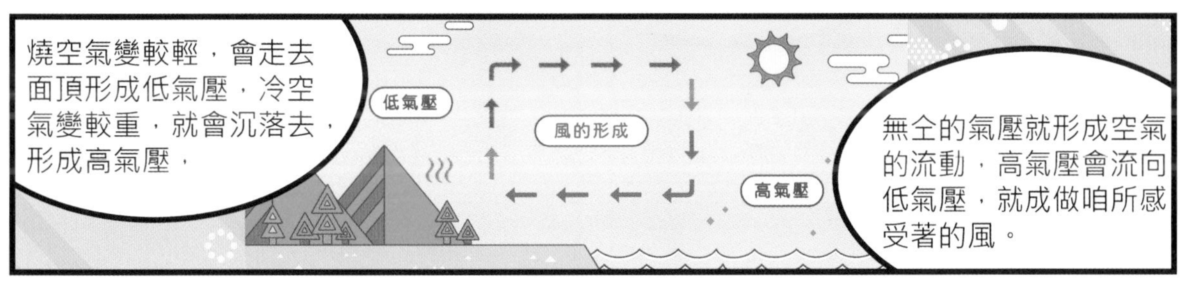
燒空氣變較輕，會走去面頂形成低氣壓，冷空氣變較重，就會沉落去，形成高氣壓，
低氣壓
風的形成
高氣壓
無仝的氣壓就形成空氣的流動，高氣壓會流向低氣壓，就成做咱所感受著的風。

按呢欲按怎共風的能量轉換做咱會當使用的能量...
敢有遮神奇的代誌？

拜託咧！AI兔仔，你用漚柴箍都通發電矣，啥物神奇的代誌攏有可能啦！

我就捌看過一个特別的例，佇地球的非洲，某乜地區誠濟人無電通用，有一个勢人號做威廉坎寬巴(Ui-liâm khám-khuan-pa)，
x 4
x 2
伊看冊學著風力發電的智識了後，用手頭簡單的材料做一台風車，風吹就通予四粒電火球佮兩台收音機運作，

透過風車，風能成做電，若起閣較濟風車就有閣較濟電通用矣。
風能
透過風車
電

無毋著，所以先觀測評估，揣著適當的風場，就通起風力發電廠矣。

哦！按呢咱著愛揣著蓋亞星上好的風場

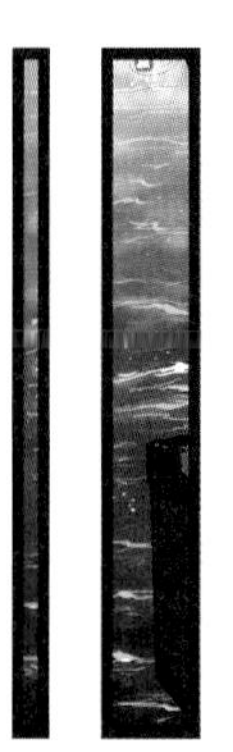

搶!
搶!
你這个賊仔！
強盜(kiông-tō)！
你共拉雅按
怎矣！

我會當共你講伊
佇佗位哈姆，
但是你愛先幫助我
提著這粒能源石，
若無...

若無按怎？

若無就共恁擲落
去海底，
來人啊

共我放開！
天公伯仔～

呼
艾克賽斯號
佇天頂咧飛。
透過資料庫搜揣分析，
我已經確定一个地點，
閣對照你的遊戲地圖...
看起來是大海呢，
風機哪會佇遐？

彼百面是離岸風場，
海上的風能較豐富，
因為遐無建築抑是山，
風袂去予閘咧，風力
損失嘛就較少，而且
陸地的空間有限，所
以風力資源海上明顯
較豐富，
陸地空間有限
海上資源豐富

莫閣延矣，
咱緊出發！

可惡，哈姆星人
敢有啥物弱點？

這嘛...

順風的方向，海上白色三葉草揞風咧活...

這是啥物意思？

恁兩个人咧
踅踅唸啥！
猶毋緊共
我臆謎猜！
阮欲哪
會曉啦？

哪有可能袂曉？恁
敢毋是拍電動三天王？
我佇宇宙人力中人
銀行的網站看著恁
的資料，才共遊戲
機寄予恁的呢！

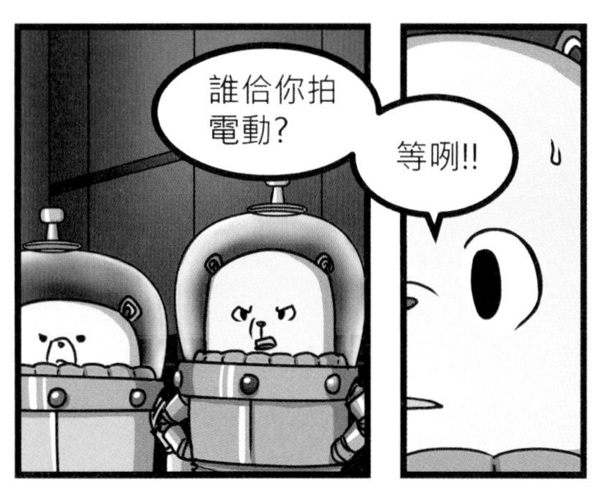
誰佮你拍
電動?
等咧!!

所以阿盧的彼台
遊戲機，是你寄
來的？
哈！無毋著，彼是
關係能源石的線索。

想袂到一切攏
誠實的。
我誤會阿盧矣...

咕嚕，海洋能
源石已經出現矣。
喔？按呢in這馬
欲過來遮矣？
無毋著
咕嚕。

真好哈姆。

妮妮，咱著想辦法
擋到阿盧來救咱。
欲按怎擋...
咱就緊旋，
拖一寡時間。
恁咧講啥？
哈姆！

喔！恁看!!
有一个滾輪
咧飛！

佗位？
哈姆？

噠
噠…

碰!!

爬起

這爿…妮妮
這爿這爿…
噠
噠…

妮妮較緊咧，
較緊咧…
噠…

這爿這爿
噠噠...

噠噠噠...
較緊咧

碰！
關

孝呆的，莫共我綴牢牢啦
噠...

敢是佇這內底咕嚕...
咚咚！
欲按怎...

莫拍開彼扇門...哈姆。

?
欸？敢是大的咧講話？
遵命咕嚕。

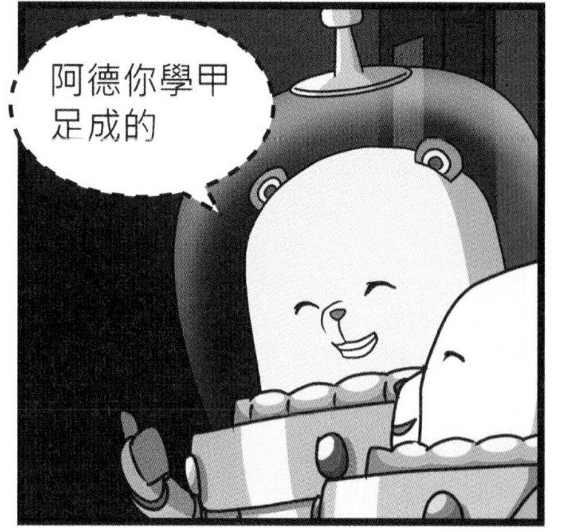
阿德你學甲足成的

莫學我講話
哈姆！
緊共in掠
起來！

害矣，若是
阿盧會按怎
做...
咱這馬嘛...
伊攏咧耍
遊戲機...
妮妮...

妮妮頭盔出現
遊戲畫面

啊！！！！！
紲落來跋落彩圈磅空。

再生能源小智識

Q1：風的形成佮日頭有啥物關係？

A1：地球每一个所在接收日頭的能量無仝，炤的程度無仝嘛致使空氣的溫度產生無仝的變化，燒空氣變較輕，會走去面頂形成低氣壓，冷空氣變較重，就會沉落去，形成高氣壓，無仝的氣壓就形成空氣的流動，高氣壓會流向低氣壓，就成做咱所感受著的風。

Q2：佇非洲的某乜地區有誠濟人無電通用，有一个查埔囡仔看冊學著風力發電的智識了後，運用手頭簡易的材料製作一台風車，透過風車，風能成做電，就會使予閣較濟人有電通用矣，這个發明家是?

A2：威廉坎寬巴(Ui-liâm khám-khuan-pa)。

Q3：是按怎欲共風機設佇離岸風場？

A3：因為海上無建築物抑是山，風袂去予閘咧，風力損失相對來講較少，而且陸地的空間有限，海上的風力資源明顯比陸地較豐富。

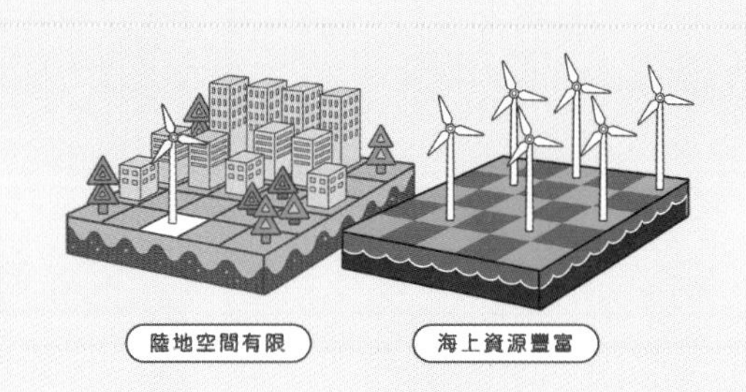

熊星人

蓋亞能源遺跡之謎 4

第十五話　滾輪everywhere計畫

無疑悟落入去遊戲世界的妮妮，佮阿盧佇遊戲內底做伙破關，化解誤會，嘛因為按呢解開遺跡謎題，得著風能源石。毋過這一切阿栗攏已經料想著矣，對來救援的阿盧手裡，提走上尾一粒海洋能源石了後，阿栗隨飛去核心地點，準備實現伊的偉大計劃！

風機的運作

QRCODE
台語有聲故事

每一个故事開始掃 QRcode
就會當聽著台語有聲故事

啊！！！
咻－
咚！
妮妮落佇平台頂面發現家己
變做四角形磚仔人的模樣。

欸！我哪會
變按呢？

唰
TREASURES
LUSCORE
NISCORE

出現

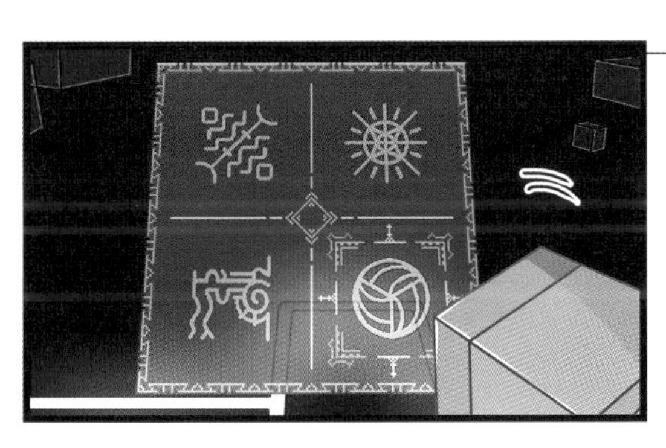

咻 咻 咻

咻剛
啊，這...敢
是遊戲？

彼是......

阿盧！？
妮妮！你
哪會佇遮？

到底發生啥物
代誌？
你投影佇遊戲的
世界！

SCORE
0080060
×3
STAGE
4-1
566
遊戲的世界？
欲按怎轉去？
我佮阿德當佇風的遺跡
內底，哈姆星人咧共阮
追，愛緊走。

啊！到上尾彼个出口就會當轉去矣。

遮的閬縫傷大矣，欲按怎過去？

用風的力量！
風？

哪會振動啊！

妮妮準備好！等咧著愛跳過去喔！
啊？

就是這馬！

啊！！

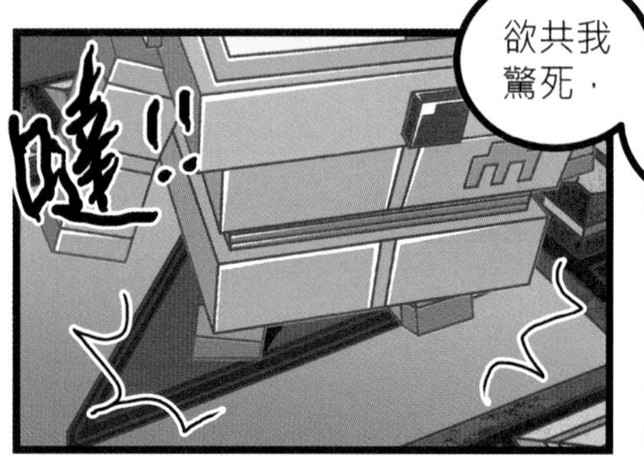

欲共我驚死，
風車開始紡，平台嘛開始振動...
啊！我知矣！

順風的方向，彼海上白色三葉草就是咧講遮的風車！

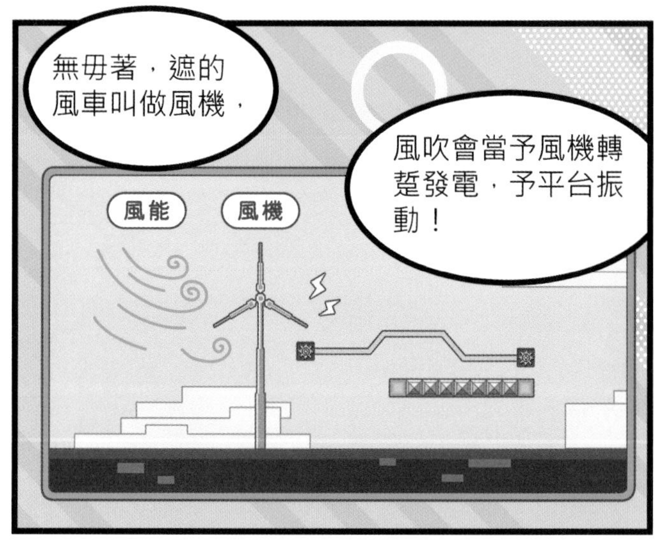
無毋著，遮的風車叫做風機，
風吹會當予風機轉踅發電，予平台振動！
風能
風機

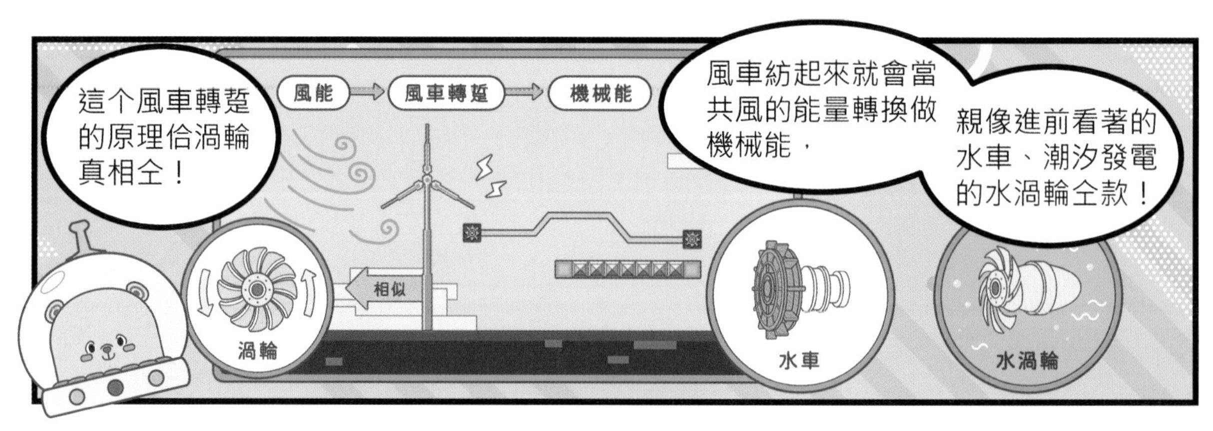
這个風車轉踅的原理佮渦輪真相仝！
風車紡起來就會當共風的能量轉換做機械能，
親像進前看著的水車、潮汐發電的水渦輪仝款！
風能
風車轉踅
機械能
相似
渦輪
水車
水渦輪

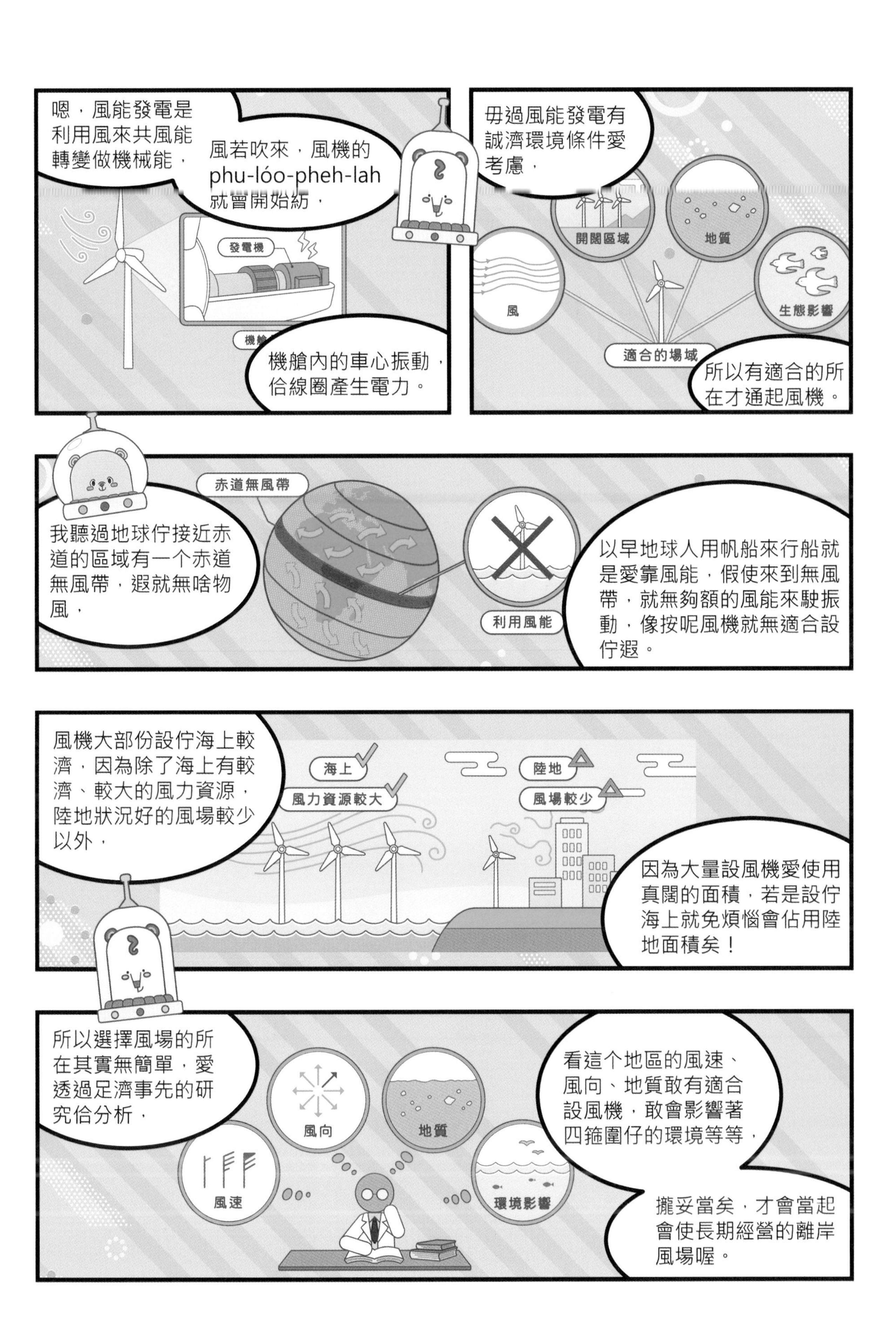
嗯，風能發電是利用風來共風能轉變做機械能，
風若吹來，風機的phu-lóo-pheh-lah就會開始紡，
發電機
機艙內的車心振動，佮線圈產生電力。
毋過風能發電有誠濟環境條件愛考慮，
開闊區域
地質
風
生態影響
適合的場域
所以有適合的所在才通起風機。
赤道無風帶
我聽過地球佇接近赤道的區域有一个赤道無風帶，遐就無啥物風，
利用風能
以早地球人用帆船來行船就是愛靠風能，假使來到無風帶，就無夠額的風能來駛振動，像按呢風機就無適合設佇遐。
風機大部份設佇海上較濟，因為除了海上有較濟、較大的風力資源，陸地狀況好的風場較少以外，
海上
風力資源較大
陸地
風場較少
因為大量設風機愛使用真闊的面積，若是設佇海上就免煩惱會佔用陸地面積矣！
所以選擇風場的所在其實無簡單，愛透過足濟事先的研究佮分析，
風向
地質
風速
環境影響
看這个地區的風速、風向、地質敢有適合設風機，敢會影響著四箍圍仔的環境等等，
攏妥當矣，才會當起會使長期經營的離岸風場喔。

毋過，這寡離岸
風機是按怎共電
送去陸地？
離岸風機
陸地

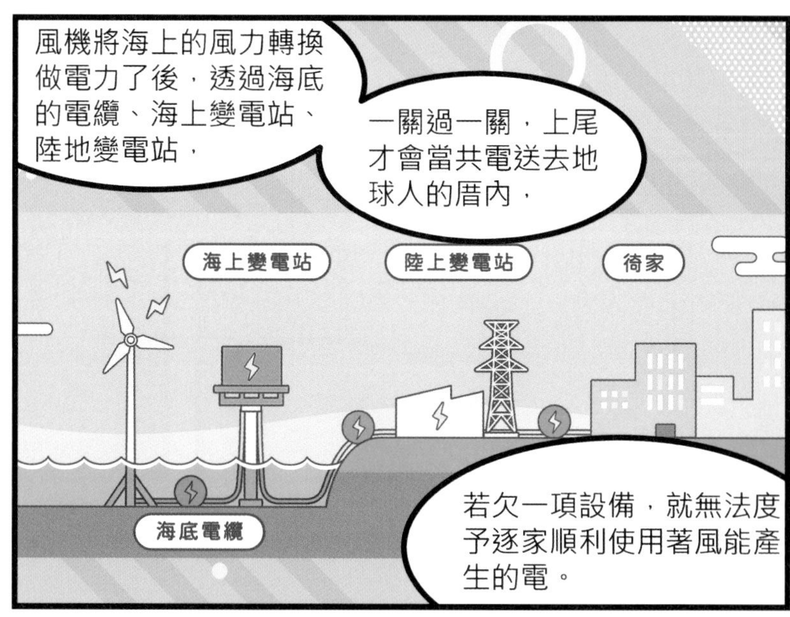
風機將海上的風力轉換
做電力了後，透過海底
的電纜、海上變電站、
陸地變電站，
一關過一關，上尾
才會當共電送去地
球人的厝內，
海上變電站
陸上變電站
徛家
海底電纜
若欠一項設備，就無法度
予逐家順利使用著風能產
生的電。

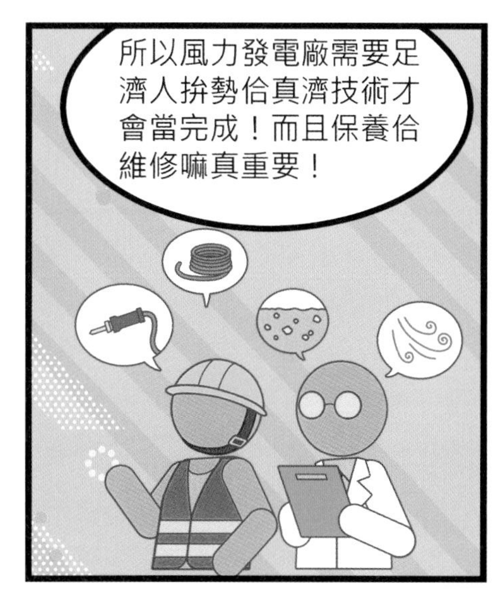
所以風力發電廠需要足
濟人拚勢佮真濟技術才
會當完成！而且保養佮
維修嘛真重要！

妮妮，鬥我欲擋
袂牢矣！

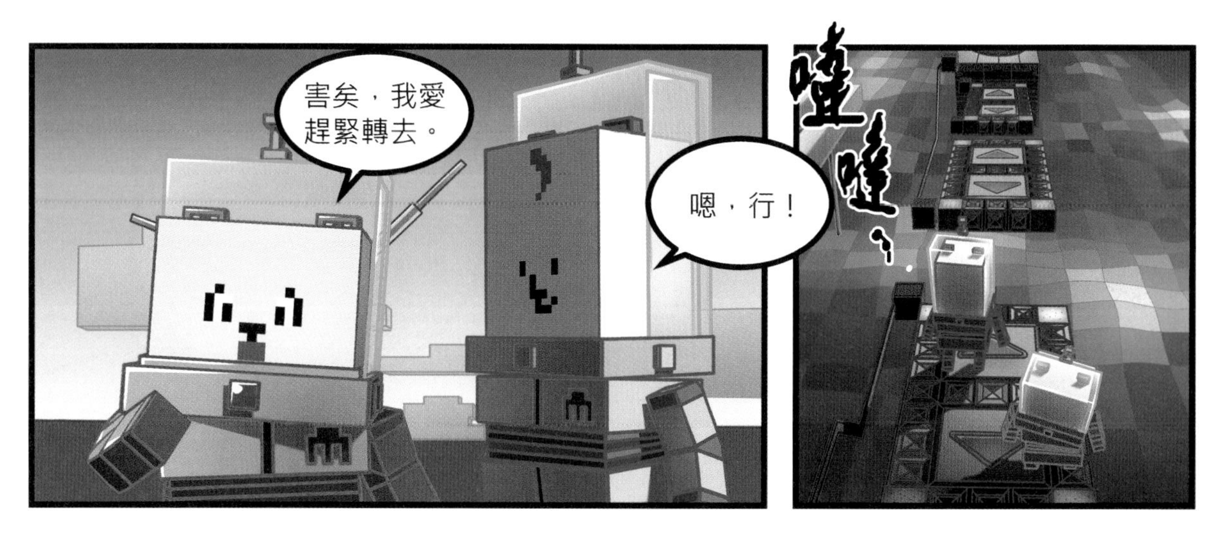
害矣，我愛
趕緊轉去。
嗯，行！
噠
噠、

跳!!

噠!!

成功矣！

咻咻

出口開開矣！
妮妮緊入去！

咻咻…
多謝你，
阿盧。

開門開門！
啊！

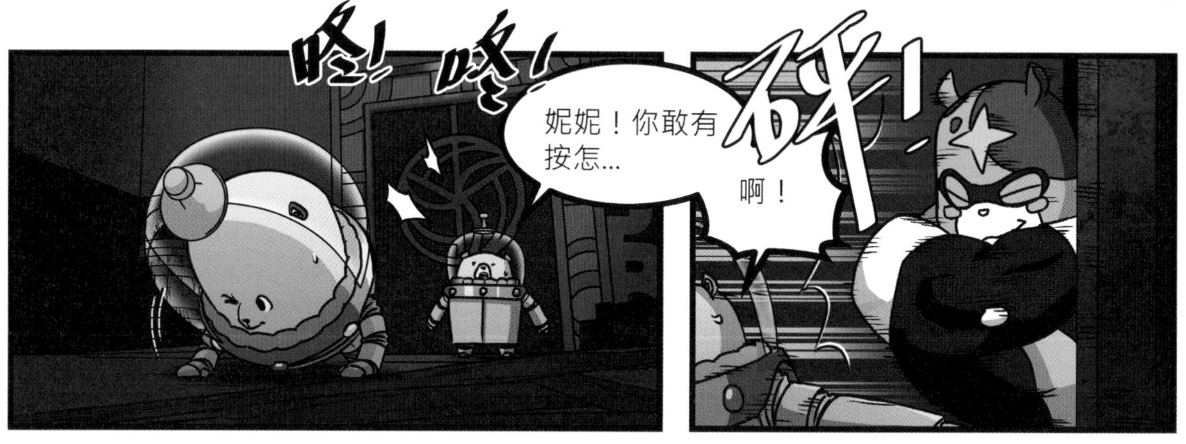
咚！咚！
妮妮！你敢有
按怎…
砰！
啊！

共in攏掠起
來哈姆！

嗯...嘛只好
試看覓余。

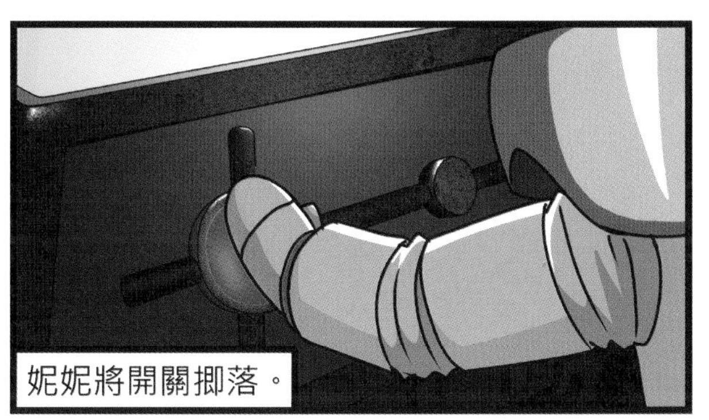
妮妮將開關捙落。

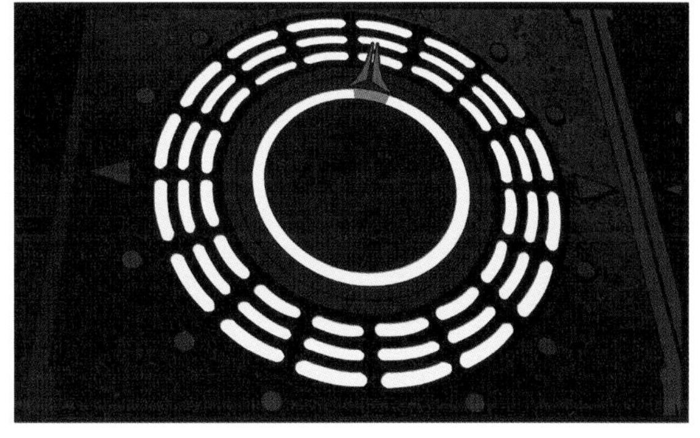

海面上電器柱仔展開誠濟風機。

出現
原來咱就佇咧
一个離岸風場
內底！

遮的攏是風機，進前
歇熱佇地球旅行的時
陣，佇歐洲地區，看
著離岸風場內攏有設
這款的風機，
所以遮一定是蓋亞星人
經過真濟研究了後，才
揀著的上好的風場！

若準遮是適合的離岸
風場，控制枋仔面頂
紅色的記號代表風機
的方向！
黃色的區域是
風的方向！
透過計算，青色的
區域就是上適合風
機面對的方位。

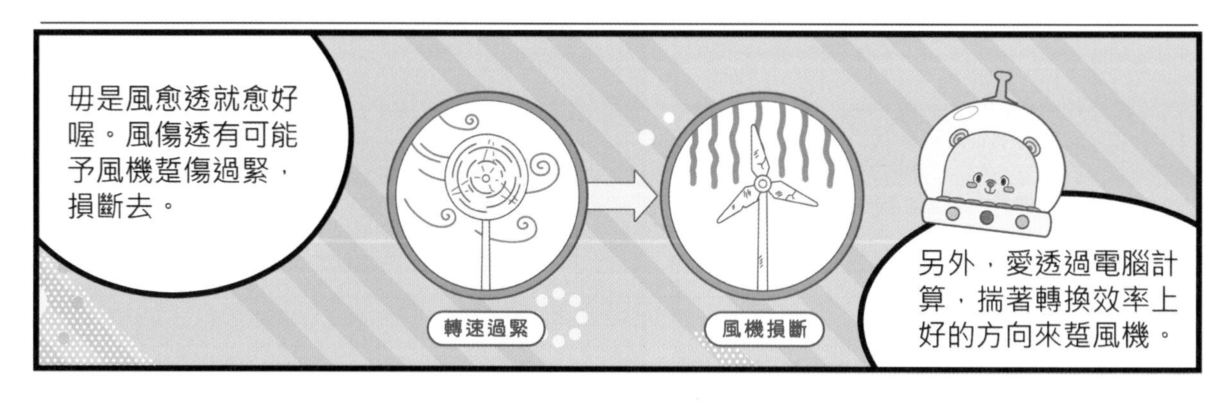
毋是風愈透就愈好
喔。風傷透有可能
予風機踅傷過緊，
損斷去。
轉速過緊
風機損斷
另外，愛透過電腦計
算，揣著轉換效率上
好的方向來踅風機。

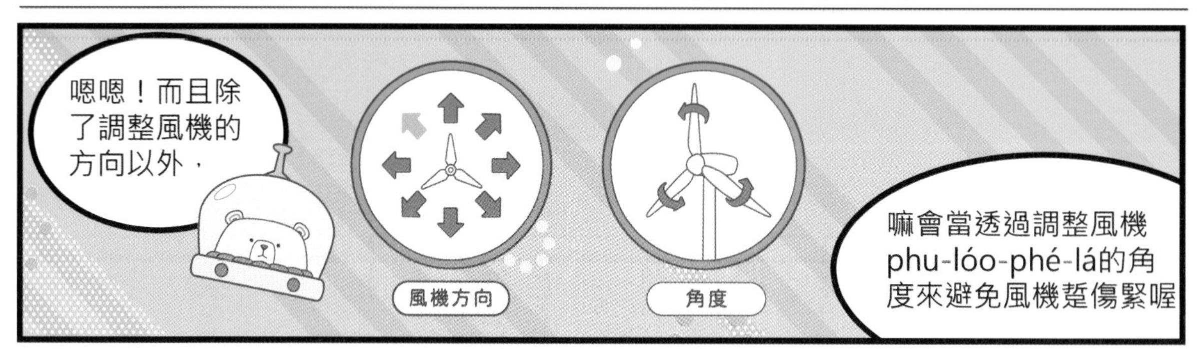
嗯嗯！而且除
了調整風機的
方向以外，
風機方向
角度
嘛會當透過調整風機
phu-lóo-phé-lá的角
度來避免風機踅傷緊喔

揤

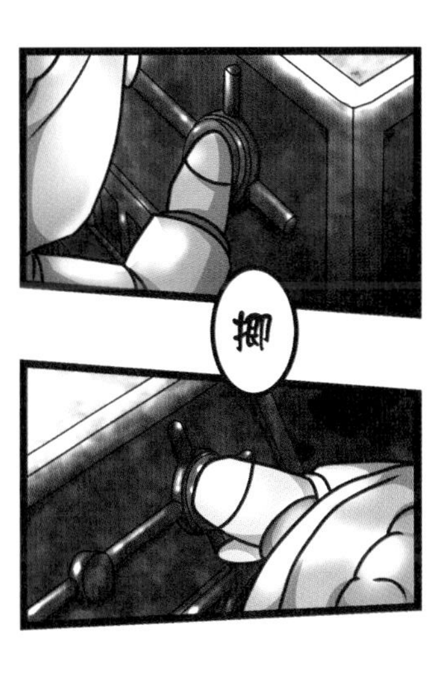
揤

熊星人誠勢
呢咕嚕。

啊！成功矣！
啊！
放手！
這聲所有的能源
石攏提著矣。

無諾，猶閣有一
粒無提著咕嚕。
猶佇咧熊星
人遐咕嚕。

你提遮的能源石
到底欲創啥？

喔~
既然你問甲遮爾
有誠意，按呢我
就大發慈悲講予
你知哈姆。

欸...煞煞去矣，
當做我無問。
袂用得！你共
我斟酌聽！

蓋亞星系內底，每一个
星球的能源攏沓沓仔欲
用了矣，逐家攏為著搶
能源咧相戰，

我已經對這種生活厭癢
矣，所以我一定愛揣出
一个會當解決能源危機
的方法哈姆。

我偉大的阿祖的阿祖的阿祖，捌予人派來蓋亞星揣能源，
落尾失去聯絡，干焦伊的勘查筆記留落來，

無意中我發現筆記內底阮阿祖的阿祖的阿祖有記錄伊偉大的
「滾輪everywhere計畫」，
WHEEL EVERYWHERE

是十全閣加圇哈姆，
透過滾輪逐家攏會當產生能源，宇宙就和平矣！
哈哈哈哈姆

毋過，這本筆記上尾仔一頁無去矣，

但是無要緊，根據我有智慧的判斷，
計畫全款會成功，哈哈哈姆

彼本冊...
你的計劃根本就無合理！

氣死人矣哈姆！
共in兩个攏擲落去哈姆！

妮妮佮阿德予掠到遺跡平台邊仔，
閣過就是毋知影偌深的大海。

停落來！

噠

阿盧！
阿盧！
緊共in放開！
共能源石交出來，我就共in放開哈姆！
阿盧莫予伊！

妮妮放心，看我的！

赫赫！哈！
來，接予好。
咦？

哈哈哈！共遮的人攏擲落去海底哈姆！

慘矣...

!

袂...袂使....

哈哈哈...
全體進攻！

來囉！
拉雅！

這種漚古物
仔提轉去！
接予好！
丟

哪會按呢！

拉雅！
嗟！
拉雅無代誌。
妮妮！

遮交予我！
恁緊追過！
伊欲旋去矣！

好！

三熊佮AI兔仔趕緊駕駛帕拉薩尼斯號追阿栗。
咻！

透過這个機器傳送超能光線，將世界上所有發電的裝置攏變做滾輪，
按呢逐家就攏會當發電矣。

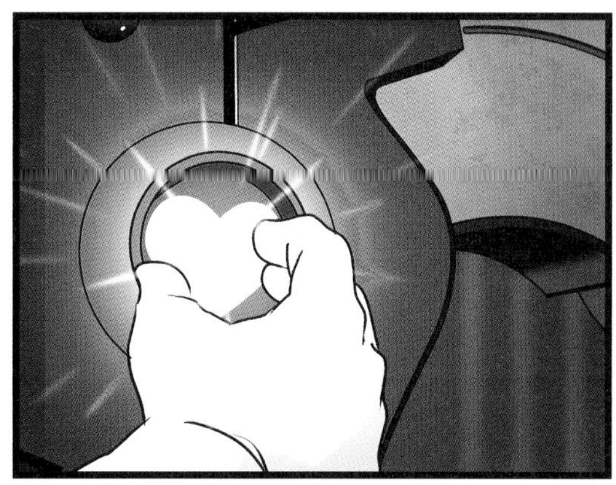

共能源石
囥落來。

噠噠

彼...彼是...

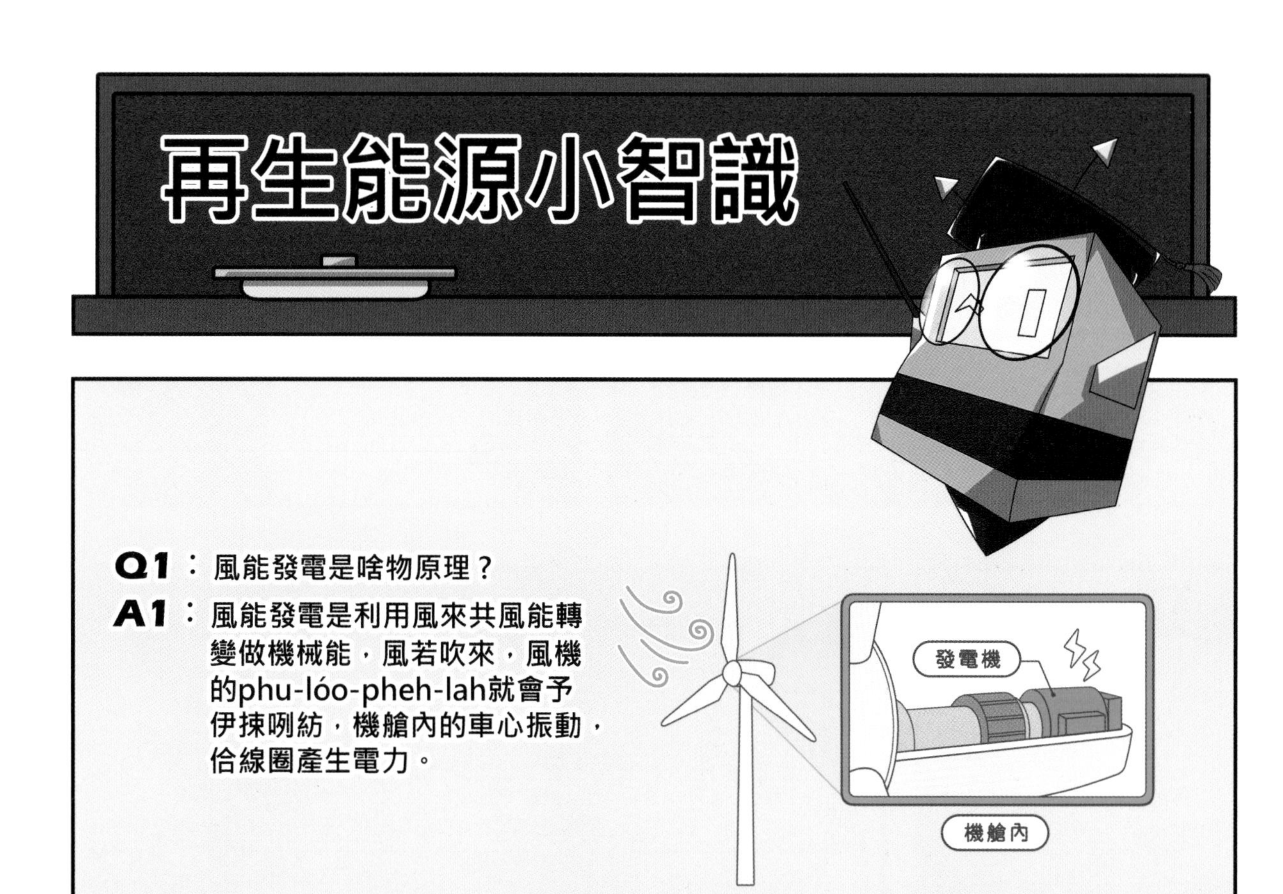

Q1：風能發電是啥物原理？

A1：風能發電是利用風來共風能轉變做機械能，風若吹來，風機的phu-lóo-pheh-lah就會予伊揀咧紡，機艙內的車心振動，佮線圈產生電力。

Q2：欲選擇風場的位置，愛透過啥物款事先的研究佮分析，有這寡資料才會當建立優良又閣會使長期經營的離岸風場？

A2：愛研究這个地區的風速、風向、地質敢有適合設立風機，敢會對四箍圍仔的環境造成影響等等。

Q3：有啥物避免風機紡傷緊的方式？

A3：調整風機的方向、調整風機phu-lóo-phé-lá的角度。

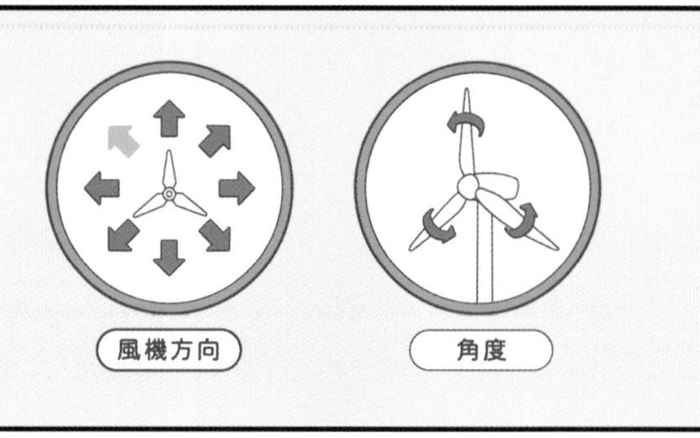

熊星人
蓋亞能源遺跡之謎 4

第十六話　失控的巨大核心

阿栗共四粒能源石鬥佇伊起的核心「大隻兔仔」 身上，想欲利用「穎」的力量，實現「滾輪everywhere」計畫。但是大隻兔仔煞失去控制四界破壞，這時為著共逐家保護，自按呢覺醒的AI兔仔佮三熊做伙徛出來，對抗大隻兔仔！

再生能。環境保育

熊星人 蓋亞能源遺跡之謎 4

QRCODE
台語有聲故事

每一个故事開始掃 QRcode
就會當聽著台語有聲故事

哈哈哈哈哈，
恁就等咧看！
阿姆將最後一粒能源囥入
去核心，啟動大隻兔仔！

哈哈哈姆，命令你
用穎的力量共規宇
宙的發電裝置攏變
做滾輪！
收著...

咻咻…
咕嚕！
咕嚕！
哈哈哈哈姆...

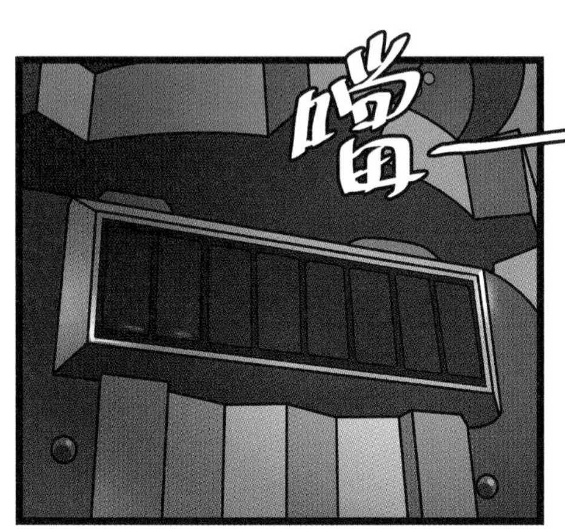
噹——…

啊？

咦？
無代誌呢？

可惡，敢歹去矣？共我好好仔修理一下！

這个大隻機器人哪會和AI兔仔有淡薄仔成？

喔，我上勢共人修理矣咕嚕。

啪！
碰沙
可惡，我命令
你停落來！
轟轟！！

命令...

噠噠...

AI兔仔！
緊走啊！

愛聽啥人的
命令？

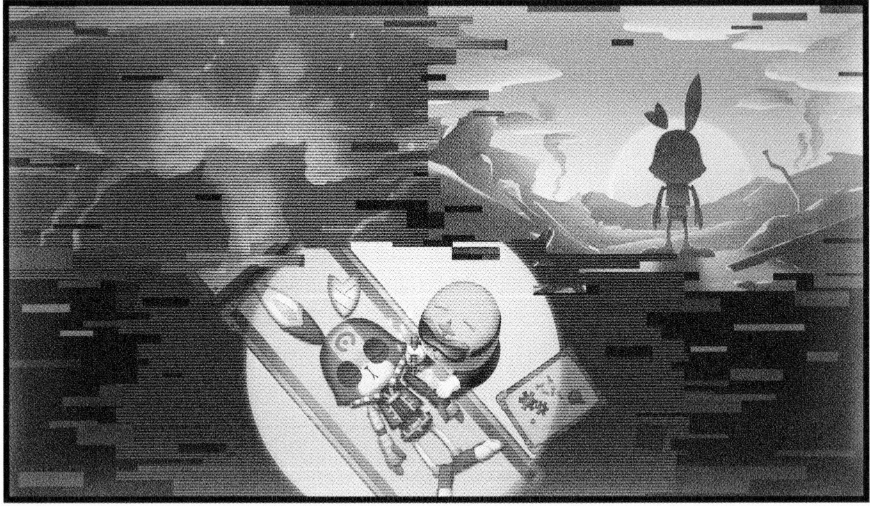

......
啥物？
你講啥物？

轟！！
啊！

莫過來！
莫過來！

保護家己，
保護逐家。

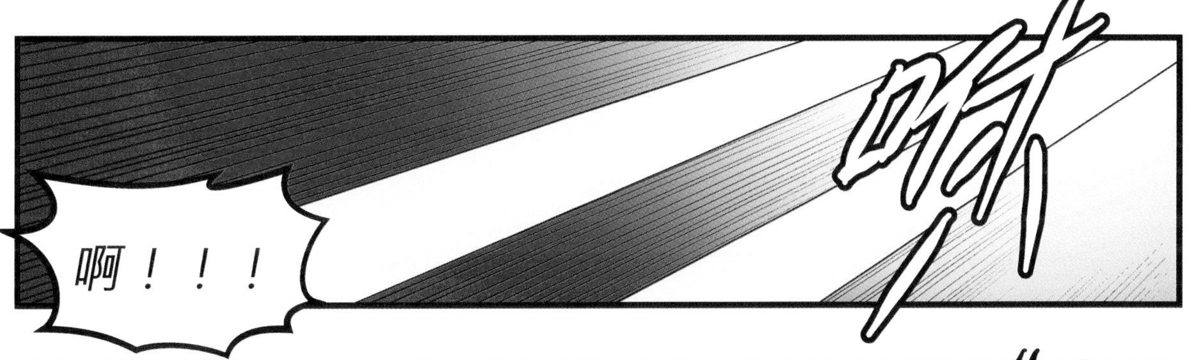
啊！！！
呼！

...?

你？
是按怎欲共
我救哈姆？

啊！

閃

咱嘛去共AI兔
仔鬥相共！

喔！我想著
辦法矣！

阿盧負責去涎
大隻兔仔，

我閣用太陽能枋
反射光線共亂，

妮妮用滾輪
予伊跋倒！

拍倒大隻兔仔
計畫百面成功！

噢！

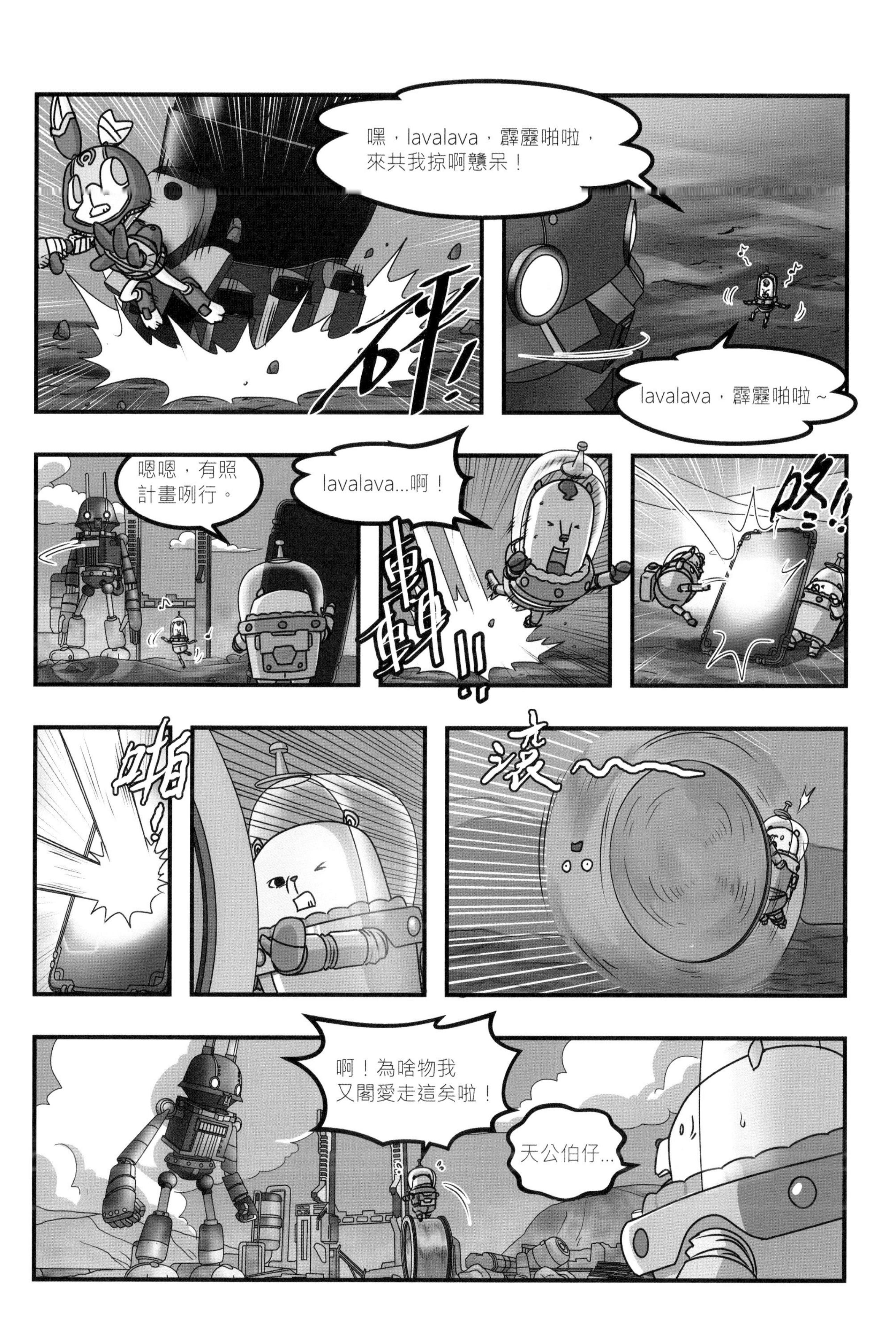
嘿，lavalava，霹靂啪啦，
來共我掠啊戇呆！
碰！
lavalava，霹靂啪啦～
嗯嗯，有照
計畫咧行。
lavalava...啊！
轟！！
哎！！
蹌！
滾～～
啊！為啥物我
又閣愛走這矣啦！
天公伯仔...

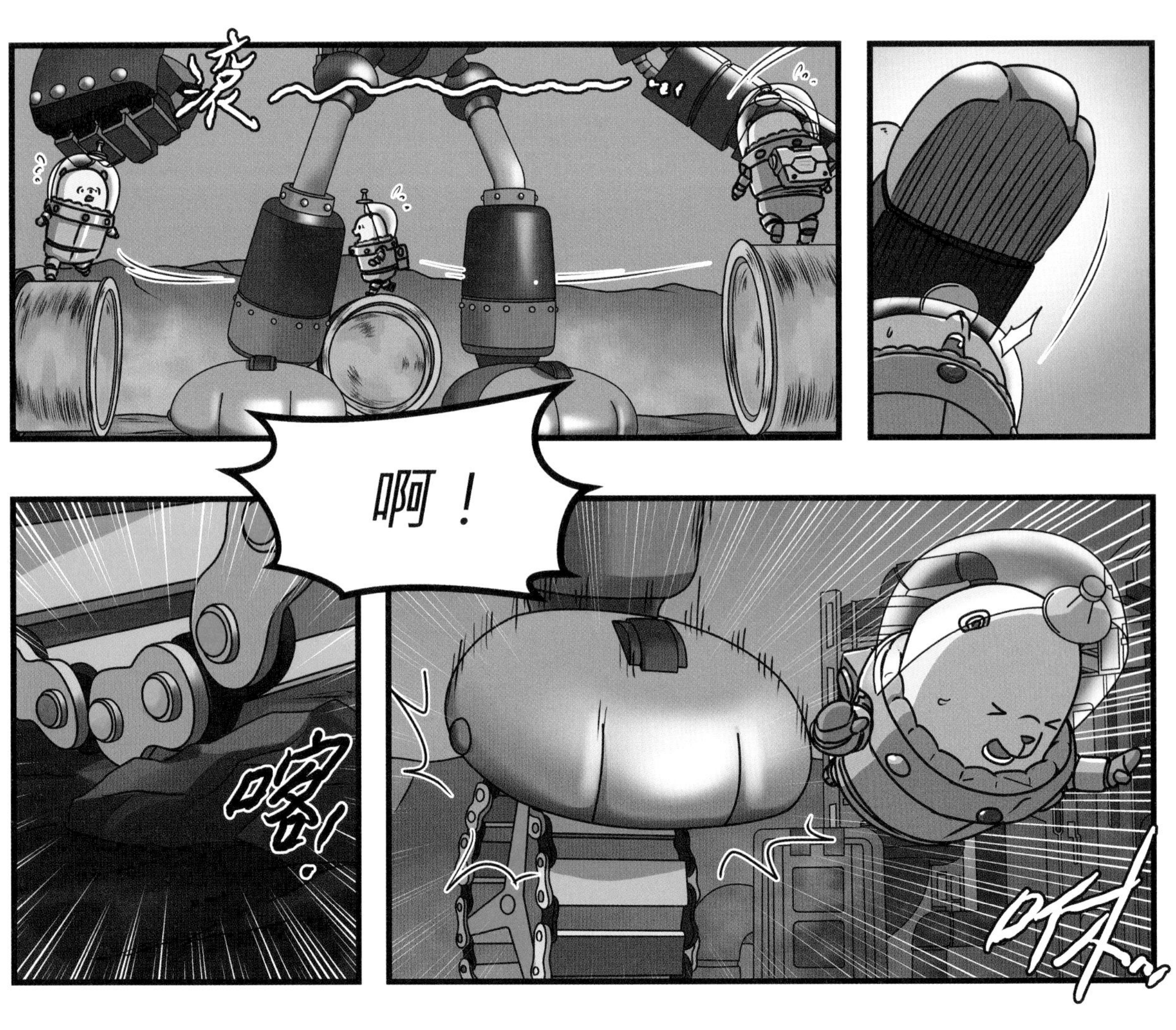
滾
啊！
喀！
咻~

砰!!

看我表演！

喔！計劃成功。

砰!!
啊！
AI兔仔！
嗡—
啊！

......咦？

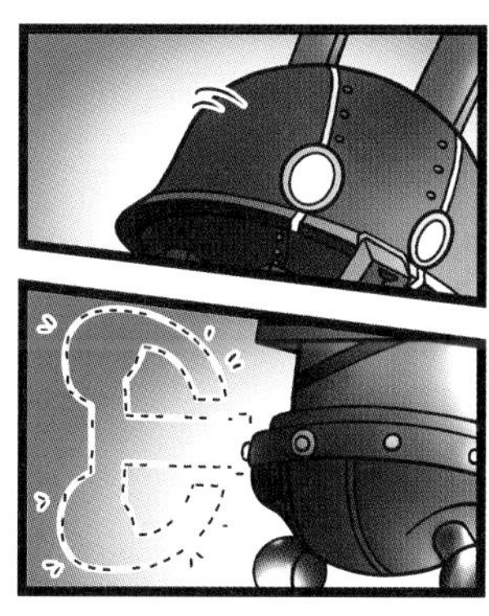

爬起

AI兔仔對金屬零件堆徛起來，將核心鬥佇伊的身軀頂。

咻咻...

碰！
咔——
毋通傷害
任何人！
莫啦，緊
停落來！

啊！
AI兔仔！

AI兔仔！你
較振作的！

我失敗矣
哈姆...

你無失敗。
你是捌啥
哈姆！

栗優酷豆超時空永遠袂退流行
萬能機械小天才改造達人寶典。
你哪會有我阿祖的
阿祖的阿祖的筆記
哈姆！？
我佇咧宇宙冊店的
好銷冊區買著的啊！

作者前言就寫講，當年綠
豆博士已經共核心修理好
留佇蓋亞星，
彼个核心就是...

AI兔仔...

阿德是去佗矣...
我佇遮。

阿德！
緊過來！
莫佮彼个滾輪
痟的徛傷倚！
你莫囉嗦！

咱照計畫
開始囉！

嗯，接好矣！

開始走囉！
哈姆！
噠噠噠…

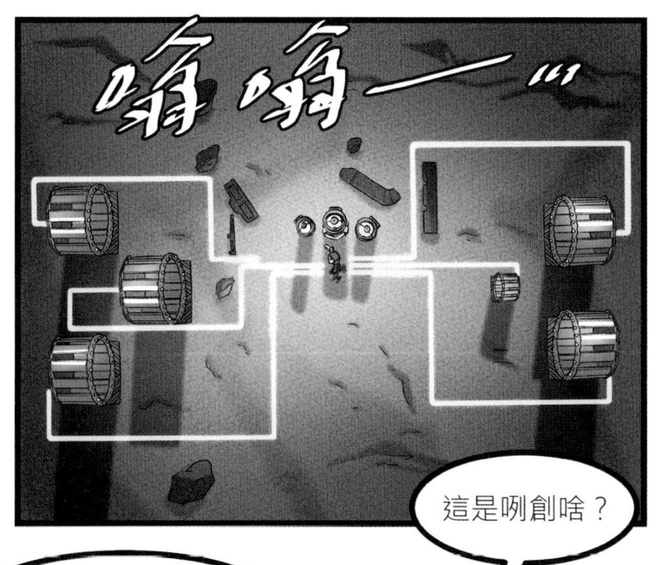
嗡嗡——…
這是咧創啥？

這本冊內底有記錄
修復核心的方式。

所以...AI兔仔...
就是核心！？

AI兔仔胸坎發出微微仔
光線，漸漸仔浮起來。

妮妮、阿盧、阿德，
感謝恁共四粒能源石
揣轉來，恢復我的記
憶，
我原本是蓋亞星
的守護者，
佇搶能源的戰爭
受傷，是綠豆博
士共我救轉來，

伊愛我毋管按怎
攏愛共家己保護
予好，因為上重
要的穎就藏佇遮。

為啥物阿祖的阿祖
的阿祖欲共穎藏起
來，
按呢滾輪無法度
傳去逐所在矣哈
姆！
綠豆博士真正的
心願是共得著再
生能源的方式傳
送到規个宇宙。
按呢穎到底是
啥物哈姆？

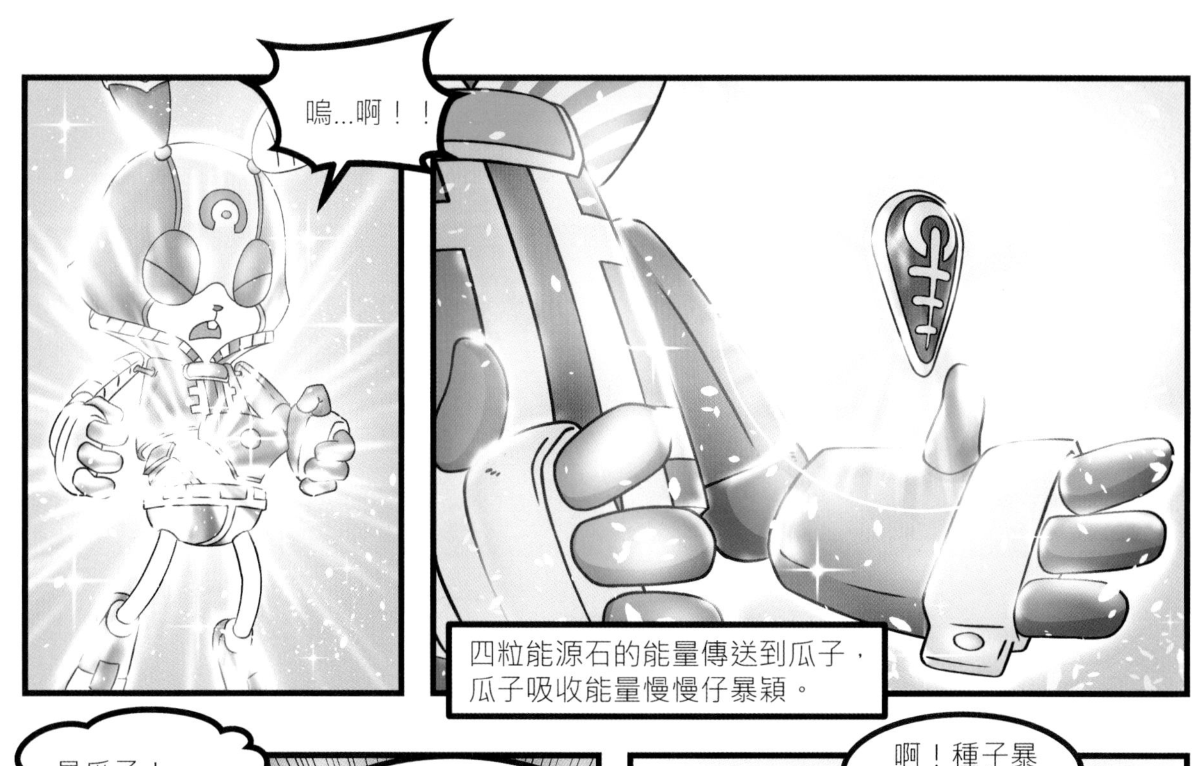
嗚...啊！！
四粒能源石的能量傳送到瓜子，
瓜子吸收能量慢慢仔暴穎。

是瓜子！
我上愛的物件
哈姆哈姆！
袂用得！這是綠豆
博士解救能源危機
的關鍵！

啊！種子暴
穎的條件...

日頭、溫度、
水、空氣...

四粒能源石就
等於是四種能
量！

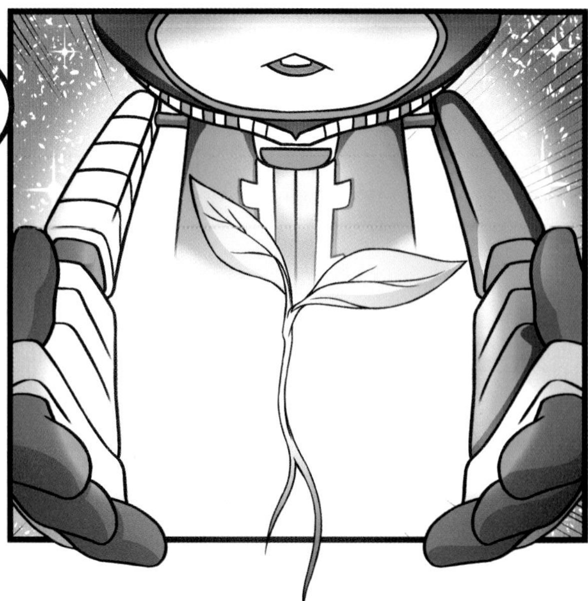

所以綠豆博士敢
是希望用「穎」恢
復生態？

我有影是拂
毋著矣哈姆...

綠豆博士的心願
就拜託你矣！

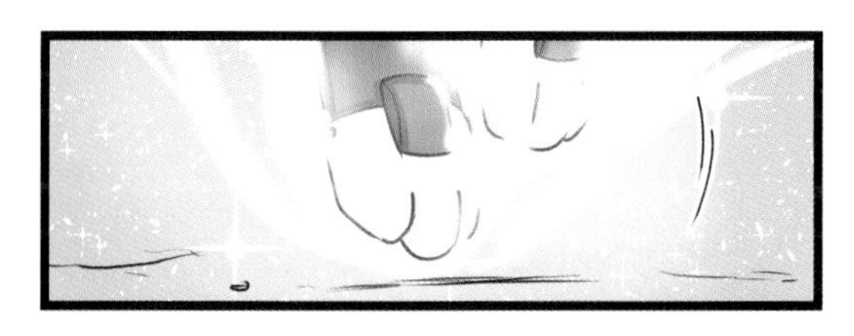

AI兔仔！

我一定會
共完成！

總算共你
掠著矣。

拉雅！阿栗已經
知影毋著矣...
袂用得！
根據星際聯盟能源法第
三千兩百九十七條第五
項。

伊著愛予罰...

恢復環境，

而且愛宣導再生能源的智識。
感謝天地，咕嚕。

讚啦！毋免坐監，咕嚕

嗶嗶嗶嗶，恁總算平安倒轉來矣，嗶嗶...
嗯嗯！這擺閣學著真濟關係再生能源的智識。

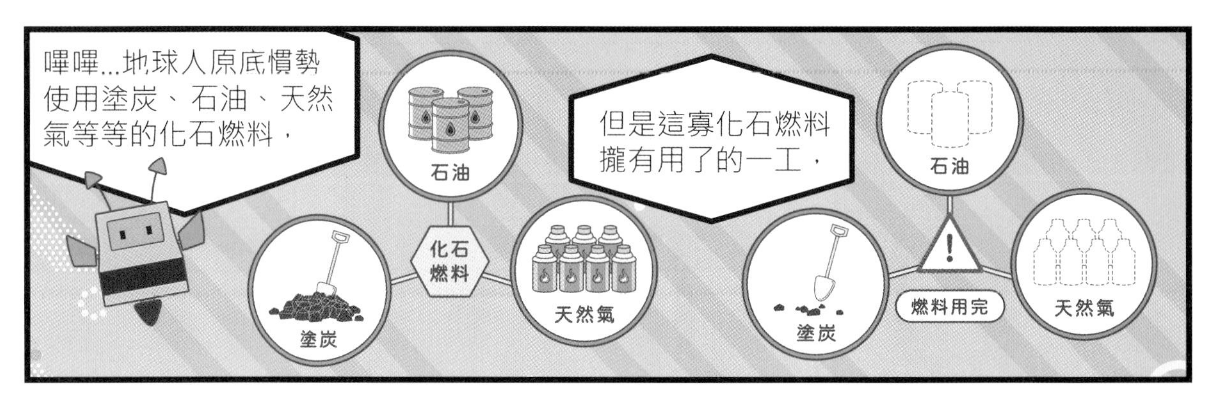
嗶嗶...地球人原底慣勢使用塗炭、石油、天然氣等等的化石燃料，
石油
化石燃料
天然氣
塗炭
但是這寡化石燃料攏有用了的一工，
石油
燃料用完
天然氣
塗炭

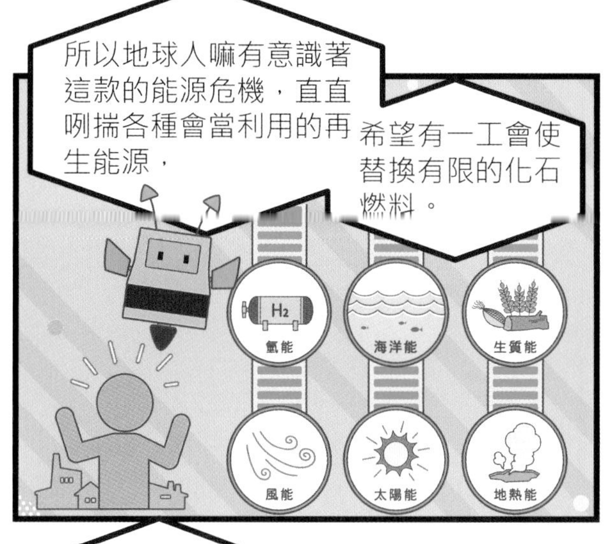
所以地球人嘛有意識著這款的能源危機，直直咧揣各種會當利用的再生能源，
希望有一工會使替換有限的化石燃料。
H_2
氫能
海洋能
生質能
風能
太陽能
地熱能

CO_2
二氧化碳
而且化石燃料咧燒的時陣，會產生大量的二氧化碳，
燒化石燃料
遮的二氧化碳會造成溫室效應。

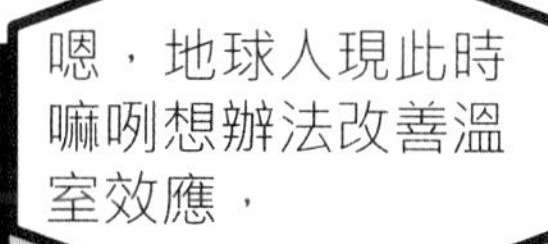
嗯，地球人現此時嘛咧想辦法改善溫室效應，
假使予溫室效應繼續影響地球，予規个地球的溫度變懸，就會致使海平面升懸、造成極端的氣候變化，

溫室效應
CO_2
海平面升懸
極端氣候變化

生態破壞
毋但地球生態受破壞，物種嘛會滅絕。

共生活的環境佮星球保護予好真正足重要，

毋過使用再生能源敢就會降低對環境的破壞？

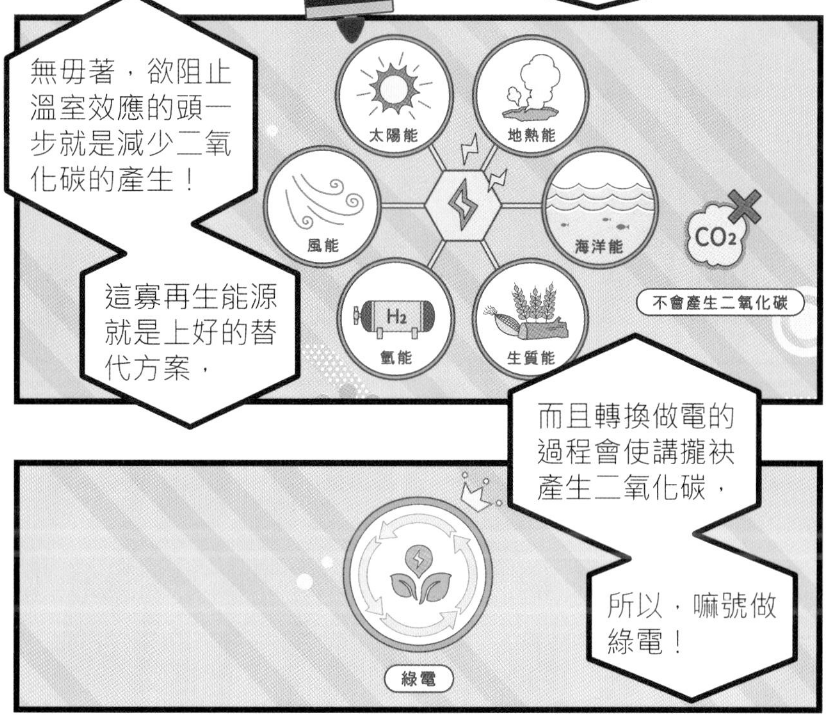
無毋著，欲阻止溫室效應的頭一步就是減少二氧化碳的產生！
這寡再生能源就是上好的替代方案，
太陽能
地熱能
風能
海洋能
H_2
氫能
生質能
CO_2
不會產生二氧化碳
而且轉換做電的過程會使講攏袂產生二氧化碳，
綠電
所以，嘛號做綠電！

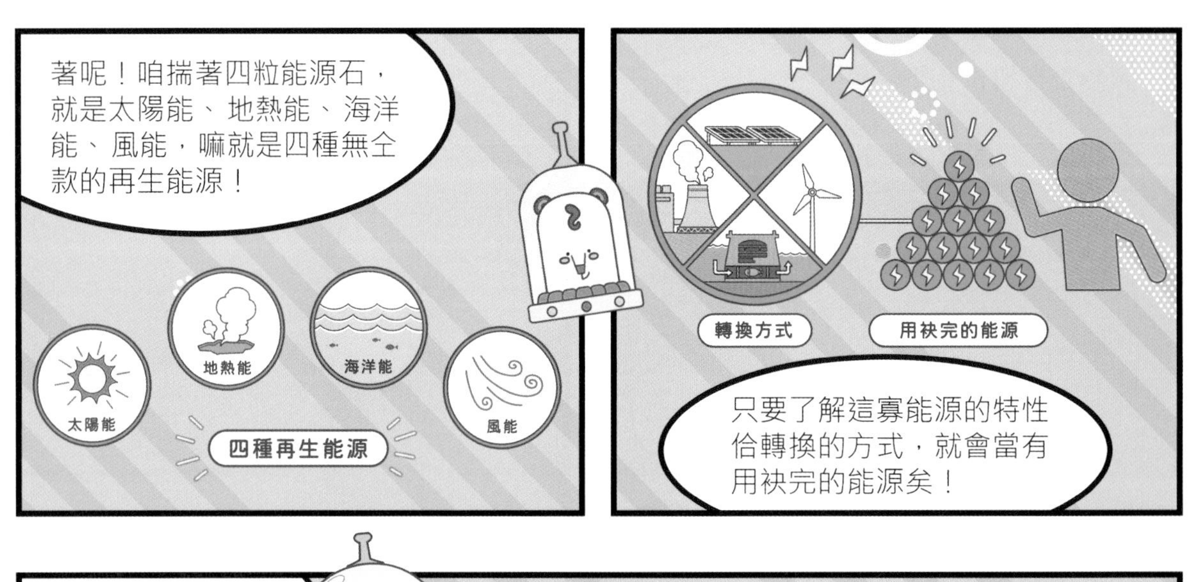
著呢！咱揣著四粒能源石，就是太陽能、地熱能、海洋能、風能，嘛就是四種無仝款的再生能源！
太陽能
地熱能
海洋能
風能
四種再生能源
轉換方式
用袂完的能源
只要了解這寡能源的特性佮轉換的方式，就會當有用袂完的能源矣！

想欲保護環境，就對了解這寡再生能源的好處開始！
使用再生能源就會當保護環境！
良性循環
了解
使用
保護環境
再生能
是一个真神奇的循環呢！

看起來這逝冒險恁學著真濟喔！
可惜AI兔仔犧牲矣
嗯...但是至少，咱共重要的任務完成矣。
著，而且我閣得著遊戲內底蓋亞星足讚的寶物......
嗯？
嘿.....
咱來對戰！

耶！我袂輸啦！我抽著上強的角色卡片呢！
我會共逐家保護。

這个是...AI兔仔！

阿栗骨力種植物，蓋亞星重現生機。
今仔日猶閣有九百欉樹栽愛種哈姆！
這才是綠豆博士偉大的計劃哈姆。

再生能源小智識

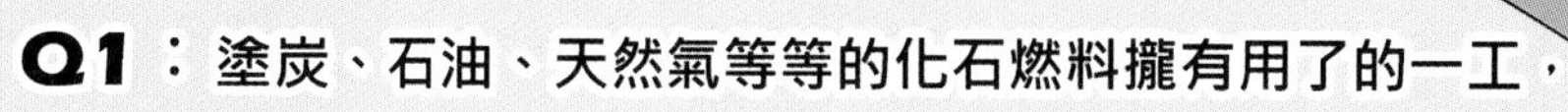

Q1：塗炭、石油、天然氣等等的化石燃料攏有用了的一工，
咱愛按怎解決能源危機？

A1：揣各種會當利用的再生能源，來替換有限的化石燃料。

Q2：化石燃料咧燒的時陣，會產生大量的二氧化碳，遮的二氧化碳會造成啥物現象？

A2：溫室效應。

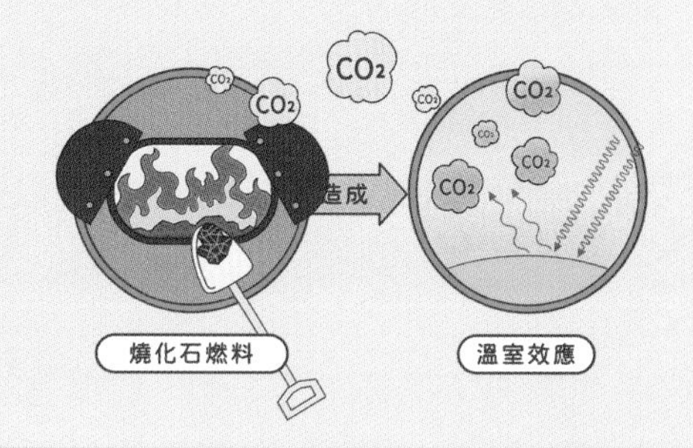

Q3：假使予溫室效應繼續影響地球，予規个地球的溫度變懸，會發生啥物代誌？

A3：會致使海平面升懸、造成極端的氣候變化，致使地球生態受破壞、物種嘛會滅絕。

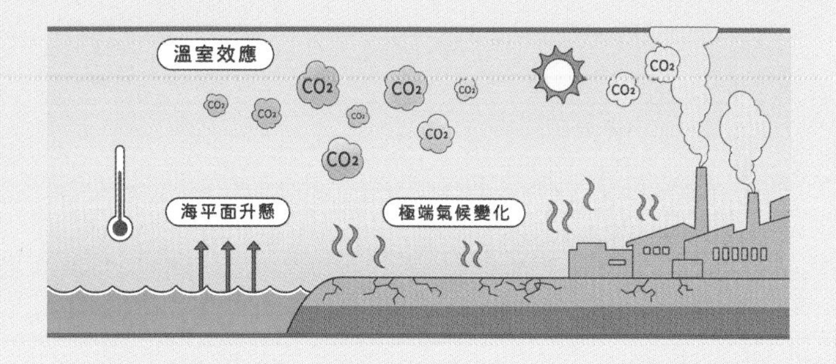

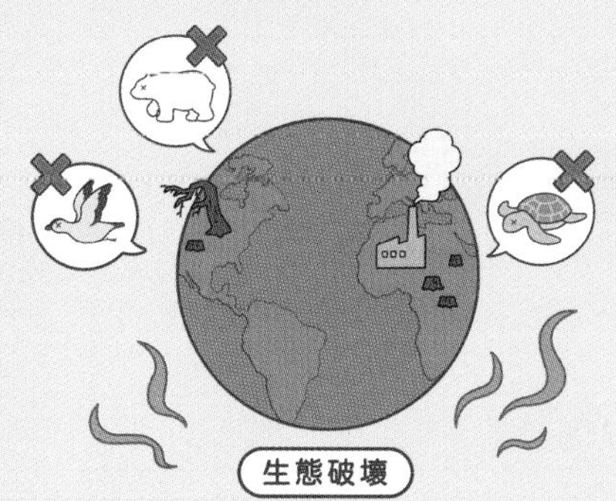

一個沉睡的古老傳說　一觸即發的能源風暴

善巧能源遺跡之謎
熊星人

科技部 109年度 科普產學合作計畫 「向地球學習 - 使用再生能源保護環境」

/ 肯特動畫數位獨立製片股份有限公司　監製 / 張永昌　林昶龍　督導 / 林瓊芬　舒逸琪　專案統籌 / 蔡孟書　導演 / 黃有傑　編劇 / 王譽書　製片 / 顧雅玲　詹家溱　美術指導 / 陳省夫

音 / 胡大器　穆宣名　張長順　丘梅君　連思宇　陳煌典　音樂 / 張念達　音效 / 鄧茂茲　黃思穎　2D動畫 / 陳昆元　蕭羽珊　3D模型 / 李 岡　吳建緯　3D動畫 / 光合豐動畫工作室　想動創意有限公司　貳拾工作室

燈光 / 即時運算　黃守晟　陳敏慈　雲端算圖 / 國家高速網路與計算中心　計畫主持人 / 陳文山　計畫共同主持人 / 鄧人豪　郭嘉真　科學評委 / 吳進忠　江青瓚　楊東華　蕭弘林

國家高速網路與計算中心
National Center for High-performance Computing

《Bear Star》

作詞:張永昌　作曲：張念達

發動 智慧的引擎（iắn-jín）　欲出帆（phâng）
行踏大海 心茫茫
這款 的冒險絕對袂輕鬆
（逐家）思考才袂愣愣　（做伙）出力才會振動
展翼帶著希望　勇敢承擔（ sîng-tann）

飛上懸山（kuân suann）

BearStar 衝啦

挑戰 全部毋驚（ m̄-kiann）

BearStar 衝啦

踏出 希望 向前行（ hiòng-tsiân kiânn）

迵過（thàng-kuè；穿越）銀河（gîn-hô）的 BearStar

《Lavalava》

作詞:王譽書　作曲：張念達

yoyo！This is 小盧，
燒燙燙欸lava！swag it up！

lavalava　批哩啪拉
當我說lava　雙腳jump up
拿出你的態度　和熔岩龍尬舞
你給我看清楚　跳舞沒有撇步

lavalava　哎唷喂呀
當我說lava　雙腳jump up
今夜我是舞棍　旋轉就像渦輪
動作給一百分　發電靠地熱能

lavalava　媽媽咪呀
當你說lava　我說hiya

企　　劃　肯特動畫
　　　　　台灣大學地質科學系
漫　　畫　比歐力工作室
補助單位　文化部

出版發行／前衛出版社
地址：10468台北市中山區農安街153號4樓之3
電話：02-2586-5708
傳真：02-2586-3758
郵撥帳號：05625551
Email：a4791@ms15.hinet.net
http://www.avanguard.com.tw

總經銷／紅螞蟻圖書有限公司
地址：11494台北市內湖區舊宗路二段121巷19號
電話：02-2795-3656
傳真：02-2795-4100

出版日期／2022年4月 初版一刷
售價／350元

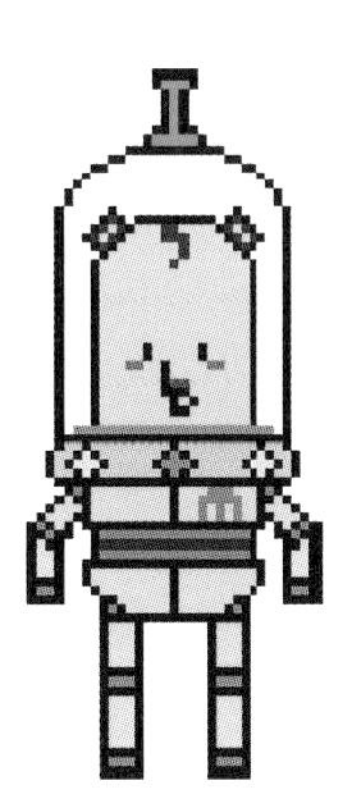

Printed in Taiwan　ISBN 978-626-707-622-4